农村劳动力转移引导性培训教材

进城务工
培训读本

姜海军　郑在卿　编著

U0306613

中国农业科学技术出版社

图书在版编目（CIP）数据

进城务工培训读本／姜海军，郑在卿编著.—北京：中国农业科学技术出版社，2011.8

ISBN 978 - 7 - 5116 - 0574 - 0

Ⅰ.①进… Ⅱ.①姜…②郑… Ⅲ.①农民 - 劳动就业 - 基本知识 - 中国 Ⅳ.①D669.2

中国版本图书馆 CIP 数据核字（2011）第 136419 号

责任编辑	杜新杰
责任校对	贾晓红

出 版 者	中国农业科学技术出版社
	北京市中关村南大街 12 号　邮编：100081
电 话	(010)82106638(编辑室)　(010)82109704(发行部)
	(010)82109709(读者服务部)
传 真	(010)82106624
网 址	http://www.castp.cn
经 销 者	各地新华书店
印 刷 者	北京正道印刷厂
开 本	850mm×1 168mm　1/32
印 张	5.25
字 数	141 千字
版 次	2011 年 8 月第 1 版　2015 年 11 月第 5 次印刷
定 价	15.00 元

◄ 版权所有·翻印必究 ►

前　言

　　为帮助进城务工农民适应现代城市生活，针对农民进城就业过程中可能遇到的问题，根据党中央国务院关于加强农村劳动力转移培训的要求，按照农业部等有关部门的部署与安排，我们组织有关专家编写了《进城务工培训读本》一书。

　　本书从农民进城务工遇到的基本问题着手，从务工准备、寻找工作、劳动合同、工资待遇、安全生产、疾病防治和遵纪守法等方面提出问题，并依据有关政策、法律、法规，做了解答，具有较强的针对性、实用性和可操作性。同时，该读本图文并茂、语言清晰简洁、通俗易懂，引用了大量案例及评析，每单元后配有思考与问答题，并且附有培训指南与建议，希望能对广大进城务工的农民朋友起到有益的指导与帮助。

　　由于作者水平有限，难免存在缺点与不足，有些内容在今后的实践中还需不断地加以丰富和完善，为此，恳请同行专家和广大读者提出宝贵意见和建议。

姜海军

2011 年 6 月

目　录

第一单元　务工准备

我国农村经济相对落后，越来越多的农民进城务工，务工收入已经成为农民收入增加的主要渠道之一。面对进城务工的形势和机遇，农民朋友们该如何做出决定？又该为进城务工做些什么准备？这些是本单元所要解决的问题。

一、心理准备——客观认识进城务工

（一）考虑自己是否具备外出务工的条件

1. 比较外出务工的"得"与"失"。在决定进城务工之前，一定要将下面这些问题考虑清楚：出去打工与在家务农，哪个更有利于提高自己和全家的收入？找工作需要花多少钱？凭自己的能力在城里打工能赚多少钱？家里的土地或其他经营性小本生意的收入因为你不在家会减少多少？如果在家里种地又能赚多少？等等。总之，外出务工千万不能盲目"跟风"，不能因为看到左邻右舍都出去打工就也想出去。

2. 综合考虑各方面的因素。如：外出有没有后顾之忧？父母、孩子、妻子或丈夫是否愿意你出去打工？离开后承包的土地怎么办？自己的身体状况怎么样？有没有什么技能技术？自己能不能适应城市生活方式？进城能不能找到工作？只有充分考虑各个因素，才能让自己安心、顺利地外出务工。

3. 是否具备务工资格？低于法定就业年龄（即低于16周岁）的未成年人，不能进城务工。

（二）进城务工前的心理准备

离开熟悉的乡村环境，来到陌生的城市，工作、生活、社会

习俗等各个方面都有很大差异，这往往会使进城务工的农民感到自己与城市生活格格不入。进城务工者在城市难免会遇到各种各样的困难、挫折，诸如工作难找、工资过低、劳动强度大、入不敷出、被人看不起、生活不安定等。如果心理上准备不充分，就很难积极地去面对这些问题。因此，进城务工之前必须做好充分的心理准备，培养良好、健康的心理素质。具体说来，主要有以下几个方面：

第一，要有吃苦受累的心理准备。进城之前，要想到各种可能面临的艰难困苦的处境，如找不到工作，没有固定的住处或者

住在地下室、小工棚，工作的机械繁重和劳动强度过大，受到歧视与欺侮等。这与在农村种地，日出而作，风吹雨打所受的苦累是完全不一样的。因此，外出务工前必须做好吃苦耐劳、能够承受艰难生活磨练的准备。天上不会掉馅饼，付出汗水才有回报。在进城务工之前做好受苦受累的心理准备，也就能比较从容地面对城市中的各种困难并经受住种种考验。

第二，要有战胜各种困难的心理准备。在人生地不熟的城镇，肯定会遇到各种已经想到或者没有想到的困难。面临困难时，要把那种不服输的韧劲拿出来，多想想解决的办法。只要不放弃，办法总比困难多。有时可能会感到没有出路可走，但如果坚持下去，就又会出现转机。一定要相信自己，依靠自己，这是战胜困难的关键。

第三，要有虚心学习的心理准备。农村和城镇在工作、生活等方面都存在着很大的差别。进入城镇，不仅需要学习和掌握工作岗位所需要的操作技能，遵守用人单位制定的规章制度，同时还要了解和适应城市里的文明礼貌、生活方式、礼节礼仪等新的行为规范。因此，在进城之前，务工者要做好"活到老、学到老"的心理准备，虚心地向周围人学习，以尽快地融入城市的工作和生活。

第四，准备好一颗平常心。在繁华的城市，城镇居民与外出务工者生活条件的巨大反差、社会上对农民工的种种排斥与歧视等现象，往往会给进城务工者造成巨大的心理冲击，导致气愤不平，或自卑自怨，或妒忌他人。当这种不平衡心理膨胀到极点时，往往会引发事端，甚至走上犯罪的道路。因此，对自身、他人和周围环境做到保持一个平常的心态是很必要的。

（三）进城务工者必须具备的素质

不是每个人都能实现进城务工的，城市的运行机制不同于农村，如果不具备必要的素质，即使怀着满腔的热情而去，也可能会到处碰壁，最后不得不扫兴而归。因此在进城务工之前，先要了解务工者需要哪些基本素质，这样可以正确地认识自己，不至于"盲人骑瞎马，夜半临深池"。具体来说，进城务工者应具备以下基本素质：

1. 身体素质

身体是工作的本钱，没有强健的体魄，要想从事繁重的工作几乎是不可能的，即使从事轻松一点的工作，身体不好也是不能胜任的——一副病快快的样子，是很难让人家聘用的。再说，城市里的医疗费用比农村高出许多，一旦生病，多年的积蓄就可能会化为泡影。所以进城务工必须要有良好的身体素质。

2. 沟通能力

在城市里必须面对许多人，要跟很多素不相识的人打交道，如果没有良好的沟通能力，很难让别人认识自己，接纳自己，甚至正常开展工作都有困难。因此，进城务工者必须具备一定的沟通能力，主要包括语言表达能力、语言的理解能力和沟通礼节等内容。

3. 专业技能

对每一个想在城市里找到工作的人来说，技能的重要性是不言而喻的，没有一技之长，就只能做一些简单劳动，不仅辛苦，就业困难，收入也低。对进城务工者来说，要想在城镇找到相对稳定的工作，并希望在城镇扎根，有一技之长是十分必要的。

4. 心理素质

进城务工往往会遇到各种各样的挫折，挫折会引起人们的自卑感、怯懦感，甚至对抗心理。这些不良心理不仅影响自己的工作和生活，也会影响身心健康，其害处是不可估量的。这就需要进城务工者在生活中不断锻炼自己，提高心理素质，增强自信心和勇气，克服自卑心理。

二、技能准备——通过培训掌握实用技能

（一）进城务工之前要接受培训

我们国家实行"先培训后就业"的就业原则，这也是世界上许多国家都实行的就业制度。无论是农村富余劳动力进城务工，还是城市下岗工人转岗，都要先接受培训，然后才能就业，而新生劳动力在就业前必须参加劳动预备制培训。

在城市有成千上万不同的岗位，这些岗位对人的具体要求是各不相同的，但一般都需要从事该岗位工作的人必须具备相应的技能水平。我国目前最缺乏的就是具有"一技之长"的劳动者。如果进城务工者具有一技之长，在城市找到工作的机会便会大大增加，而且所获得的报酬也将比一般的劳动者要高得多。

案例

魏某是××村人，初中毕业后，进入分水成人学校学习，三年后毕业进入了摩托罗拉（杭州）电子有限公司工作，但由于专业知识不够，实际操作技能缺乏，工作了几个月，就被裁减了。后来魏某又参加分水成人学校实施的"阳光工程"，接受农村劳动力转移培训，不但学到了丰富的文化知识和专业技能，还学会了怎样做人。不久，魏某被分水成人学校推荐到东芝信息机器（杭州）有限公司工作。有了丰富的对口专业知识技能，真是如虎添翼，短短几个月的时间，他就从一名普通的员工提升到管理员，工资也从1000多元上升到了2400多元。

案例评析

魏某的工作经历说明，经过培训，掌握了一定的知识和技能，就比较容易找到工作，并胜任工作。这充分说明进城务工之前接受培训对进城务工的重要意义。

　　虽然在现实中，有些人没接受过任何培训最后也能进城务工，但从长远发展和规范管理来看，农民进城务工之前接受培训是十分必要的。通过培训使人具备一定的职业技能，有利于顺利找到工作并适应工作。一些基本操作技能和技术操作规程的培训是进城务工人员必备的素质之一，经过培训的人能够较快地适应岗位，为迅速提高其技能奠定基础。

　　培训同样能使进城务工者事先了解进城务工的相关知识，增强自身竞争能力，对城市运行也有一个大概的了解，进入城市后更容易融入城市的生活和工作。那些没经过培训的进城务工者，仅凭想象一厢情愿地设想自己的未来，一经挫折便心灰意冷，最后不得不返回老家。与没有培训经历的人相比，参加培训可以获得更多的自信，更能适应城市的环境，把握更多的发展机会。培训经历也是一个能胜任工作的凭证之一，在就业竞争中，用人单位显然更倾向于选择和雇用有培训经历的人。

（二）进城务工之前应接受的培训内容

　　进城务工前的培训内容十分丰富，除了职业操作技能、基本理论知识外，还包括法律法规、公民道德、职业道德、思想教育、城市生活须知等，可以归纳为以下三个方面的内容：

第一，基本技能和技术操作规程的培训。俗话说"三百六十行，行行出状元"，不同的行业，不同的工种，不同的岗位都有其要求的特殊的基本技能。比如木工、瓦工、钳工必须是有一技之长的人才能胜任的，汽车驾驶、计算机操作、家电修理更是需要相当的理论知识和技能操作，而家庭服务、商品推销、摆摊售货等看似简单的工作，同样也蕴含着许多技能。与工作所在的行业、岗位、工种相关的培训基本能满足进城务工者的技能需求。

第二，政策、法律法规知识的培训。进城之前务工人员必须要具备一些基本的法律知识，如《劳动法》、《消费者权益保护法》、《合同法》、《职业病防治法》、《治安管理处罚法》等。了解这些法律法规，将增强务工者遵纪守法和利用法律维护自身合法权益的意识。

第三，安全常识和公民道德规范的培训。诸如安全生产、城市公共道德、职业道德、城市生活常识等的培训，目的是增强进城务工者适应城市工作和生活的能力，养成良好的公民道德意识，树立建设城市、爱护城市、保护环境、遵纪守法、文明礼貌的社会风尚。

（三）参加培训的途径

选择合适的培训途径必须考虑信息是否可靠、培训的内容是否符合自身的需要、培训费用能否承受等。常见的培训途径有以下几个方面：

1. 县、乡镇劳动服务机构举办的培训班

这些班由政府有关部门主办，具有较好的信誉，培训内容和就业去向一般具有针对性，有些是结合具体的工程项目而进行的。培训结束后可以在有关机构的指导下实现定向就业。

2. 参加职业高中、技工学校、夜校、专门的职业培训学校的学习

诸如烹饪学校、驾驶学校、计算机培训学校、家电修理培训

班等，这些学校专门从事各类专业的技能培训活动，具有比较完善的办学设施、较强的师资力量，既可以学习到比较系统的知识，也可以在短时间内掌握一定的技术，是目前进城务工农民获得有关专业技能的重要渠道。

3. 电视学校或网络学校的培训

在信息时代，电视、广播和网络给人们带来了大量的信息，是现代人们获得知识技能的重要途径，通过这些方式传授知识和技能被称为远程教育。目前，国家通过远程教育开设了上百个可供选择的专业，越来越成为当代农村青年获得进城务工知识与技能的重要途径。

到底哪种培训途径适合你呢？这就需要综合考虑自己的文化基础、经济实力、就业去向和自己的兴趣等。需要指出的是，学习是一个持之以恒的过程，不仅仅在进城务工之前接受短暂的培训，更应该是一个系统学习和长期积累的过程。即使在进城务工之后，仍要不断地学习，提高自己的职业技能，丰富自己的知识，这样才能不断提高自己适应社会的能力。

三、证件准备——办妥进城务工的手续

农村劳动者外出务工，不需再办理就业证卡，但还是需要准备一些相关证件的：

（1）有效居民身份证。年满 16 周岁的中国公民都必须申领居民身份证。进城务工者不论出行、留住还是求职，都必须随身携带身份证。如果没有正式居民身份证，或丢失来不及补办，则应该在离家外出务工之前，到当地公安机关或乡以上的人民政府办理临时身份证或身份证明。申领居民身份证时，需要填写《常住人口登记表》，交验户口簿，交近期标准照片 2 张。

（2）16~49 周岁的育龄妇女还必须办理《流动人口婚育证明》。本人持身份证，以及 1 寸半身免冠照片 2 张（如果已经结婚，就要带上结婚证），向户口所在地的村委会申请办理《婚育证明》。

（3）毕业证或学历证明。

（4）能证明自己特殊身份的证件，如转业军人证、复员军人证等。

（5）凡前往深圳、珠海或其他省（区）边境管理区就业的公民，必须申办《边境通行证》。

务工者外出务工前一定要了解清楚，所要到的目标城市是否需要办理边境证。本人携身份证到所在地县以上公安机关或者指定的公安派出所提出申请与办理。

（6）能够带上卫生防疫部门颁发的健康合格证，有利于在公共场所比如宾馆、饭店等找工作。

另外，在外出之前，最好带一些1寸和2寸的半身免冠正面照片，以备进城之后办理一些必要证件时使用。

四、选择去向——通盘考虑不可盲目

（一）不能盲目进城务工

有些人抱着"挣口饭吃"的目的，盲目地到大、中城市寻找工作，花了不少钱却一无所获。有的人认为，反正城市有劳务市场和职业介绍所，到了以后再找工作也不迟；有的人仅仅是听说家乡有人在某地"混得不错"，就贸然找上门去，希望老乡帮忙给找个工作；还有的人是在别的城市"碰壁"之后，又流动到一个新城市"碰碰运气"。这些都是不可取的，城市不是弯腰就能捡到黄金的地方。

盲目地进城寻找工作，有三个害处：一是大量的农村富余劳动力盲目涌入大城市，这种"误打误撞"的办法能够找到工作的可能性极小，而且可能会造成城市臃肿，形成大量贫民窟，并进一步导致污染、犯罪等社会问题；二是浪费自身的钱财，盲目

进城务工，最直接的后果就是会带来经济上的损失，只计算乘车费用以及办理证件的费用，可能就是一笔不小的花费，更何况在没找到工作之前的伙食费、住宿费等，加起来可能就是几年的田间收入了。三是容易上当受骗，有些不法分子经常利用农村富余劳动力进城急于找到工作的心理，进行诈骗、拐卖、勒索等犯罪活动，使进城务工的农民蒙受经济损失或心理的伤害。

（二）获得进城务工信息的途径

了解城镇用工信息是农民进城务工的前提。在农村获取进城务工信息的途径主要有两种：

第一，从户口所在地的乡、县劳动就业服务机构获取，比如乡、镇就业服务站、县劳动就业服务机构等。乡、镇劳动服务站是劳动保障部门在基层的劳动就业服务组织，在上一级劳动保障行政部门的领导下，负责所在地的劳动就业服务工作，承办农村劳动力跨省流动就业服务的具体事务。这些单位常年为进城务工农民提供就业信息，其信息比较准确、可靠。

第二，通过已经在城镇务工的亲朋好友，或从家乡的其他人那里获得务工信息。在城镇务工的亲朋好友不仅有在城镇工作的经验，也比较了解进城务工的相关信息，特别是他们所在单位用工的信息。这些信息不仅可靠，而且竞争少，是获取务工信息简单有效的途径。

除了以上两种主要的途经之外，还可以通过报纸、刊物、广播、电视等途径来获得进城务工的信息。现在许多报刊都有专门刊登劳动信息的版面，可以很容易地找到相关的务工信息。由于这些信息来源复杂，使用这些信息时一定要注意甄别筛选，避免上当受骗。

思考与问答

1. 结合自己的实际，谈谈如何正确认识进城务工？
2. 进城务工需要什么样的心理准备？
3. 进城务工为什么必须掌握必要的技能？如何参加培训获得技能？
4. 进城务工需要准备哪些证件？
5. 如何选择进城务工地区？如何获得进城务工信息？

第二单元　寻找工作

越来越多的农村劳动力涌入城市，寻找工作机会。在人生地不熟的城市，进城务工人员如何找到适合自己的工作，以及提防各种骗局，是本单元的重点所在。

一、找工作的几种途径

（一）进城找工作的途径

进城务工的就业途径主要有以下四种：

第一，亲朋好友或老乡介绍。这是目前农村劳动力进城务工最主要的途径。这种方法可以省钱，而且亲友一般是比较可靠的，如果他本人就是城镇居民，而且有帮助你介绍工作的能力，你就可以放心地去他那里务工。只是亲戚朋友介绍的工作往往与他们正在干的工作有关，而这些工作并不一定就适合你。同乡的帮助对找工作也是很重要的，许多进城务工者就是在同乡的介绍下，"一带十、十带百"形成的进城务工群体。但人有好有坏，如果对帮你介绍工作的同乡有较深的了解，并且他是可以信赖的，通过他的介绍往往是获得工作的好途径。但如果为你介绍工作的同乡品行不端，那就不能轻易相信，否则，很有可能会误入歧途。

为了发扬"乡亲帮带"的传统，某城市在许多乡镇劳动力市场里都设有"老板之家"，每逢春节，那些在外地打工赚了钱的大小老板都会回老家和家人团聚。如有企业来年需要增加人手、扩大产销规模，他们就会向"老板之家"提出，由"老板之家"组织邻近村庄的青壮年农民前去应聘，既节约了时间，又为当地农民找到了外出找工的门路。通过这种形式，促进了附近更多的农民走上外出打工之路。如小楼镇85%的农村富余人员都是被当地的打工"精英"带活、带富了。现小楼镇有大小老板30多人，通过大老板带小老板，该镇成了远近闻名的打工仔变老板的"摇篮"。目前，就有一批经营汽车配件的大小老板活跃在全国各大城市。

案例评析

　　这个例子充分说明，要以已经外出务工人员为纽带，通过乡帮乡、村帮村、邻帮邻、兄姐带弟妹、大老板带小老板等方式，利用"裙带"关系，带动更多的农民进城务工经商。

　　第二，用人单位直接到当地招用。有些城镇用人单位需要招用劳动力时，会派工作人员来到农村，直接在当地招收进城务工者。或者他们会委托当地劳动部门职业介绍机构或其他具备相应资格的职业介绍机构进行招收。这样一种务工的途径，给进城务工的农村劳动力提供了很大的方便，不仅可以节约许多用来找工作的时间，还可以节省进城务工的费用。但要注意的是一定要考查用人单位招工这一事情的真实性和可靠性，以免上当受骗。

　　针对企业用工需求，仙游县组织县乡干部直接进村入户进行宣传发动，分发企业招工简章，协助企业招用农村劳动力。通过这种方式，大量农村富余劳动力进城务工，实现了转移就业。

案例评析

　　这个例子充分说明，政府组织用人单位或受用人单位委托直接到农村进行招工，帮助农民节约了寻找工作的时间和费用，也促进农村劳动力有效地实现进城务工。

第三，参加政府部门，特别是劳动部门组织的劳务输出。这种方式具有以下优点：①务工者可以在没有亲戚朋友或包工头带出去打工的情况下，稳妥地外出打工；②信息真实可靠，管理比较规范，工资、待遇也比较有保障；③有方便的后续服务，比如提供住宿，进行培训，春节回家可以帮助订车、船票等。

第四，只身一人闯天下。在没有其他途径的情况下，这也是一种进城务工的途径。只身一人根据可能的工作机会，到城镇寻求发展，有利于自身生存能力的提高和独立创业精神的培养。这种方式虽然比较自由，但这种进城就业途径的盲目性大，成功率低，风险较高，要求务工者具有较高的素质和抵抗挫折的能力。对于从来没有外出务工经验的人来说，这不是最好的途径。

（二）职业介绍机构

城市都有专门的职业介绍机构，一般叫"职业介绍中心"，或者叫"职业介绍所"，也有叫"劳动力市场"的。职业介绍机构是用人单位和劳动者之间的"桥梁"，一方面为劳动者介绍工作，一方面为用人单位招聘劳动者。

职业介绍机构主要有三种类型：第一种是公共性职业介绍机构，第二种是非营利性职业介绍机构，第三种是营利性职业介绍机构。

为了维护进城务工者的权益，促进农村劳动力在城镇实现转移就业，国务院办公厅明确指出，城市各级公共职业介绍机构要免费向进城务工者开放，积极为进城务工的农民免费提供就业信息和政策咨询，对求职登记的进城务工者免费提供职业指导和职业介绍服务。

各级公共职业介绍机构同时也在强化服务，降低门槛，以期吸引进城务工者的目光。目前，许多大中城市的外来务工人员就业服务中心，从农民一进城市就开始给予全程的免费培训、指导服务，引导性培训、求职登记、职业指导、职业介绍等多个服务窗口，全部对进城务工的农民免费开放。在某些城市，进城务工的农民与用工企业签订用工协议后，还可以得到包括城市概况介绍、如何维护自身权益等内容的免费培训。服务中心还与用工企业签订相关协议，保障进城务工者的工资兑现，其合法权益得到落实。

"你们是干什么的？是招人的吗？""我们不招人。但是我们会告诉您到哪儿找工作……"2006年2月23日，北京市职业介绍机构和丰台劳动保障局的工作人员一同到六里桥自发劳务市场，向来京务工人员宣传"找工作要到合法职介"，并向他们发放印有本市主要公共职介地址、电话等内容的宣传材料。

从工作人员摆放宣传材料开始，来京务工人员就陆续围上来看个究竟。市职介工作人员指着手中的宣传材料，一次又一次地告诉前来询问的来京务工人员，"你们一定认准这个'介'字标志。凡有这个标志的职介就一定是合法的，而且会免费给大家提供服务"；"有问题大家还可以随时拨打12333热线电话，可以通过电话咨询各个区县公共职介的地址和电话"。听到"到公共职介找工作免费"的说法，不少人还不肯定地追问一句"真的不用掏钱?"在再一次得到肯定答复后，不少人表示，要去试一试。

案例评析 ▶

政府部门举办的公共职业介绍机构，除了从事职业介绍业务外，还会对务工人员进行免费的具体就业指导。进城务工人员在他们的指导下，可以更快地找到合适的工作。

营利性职业介绍机构普遍规模较小，收费较高，经营灵活，效率较高。到这里找工作，一定要看有没有劳动和社会保障部门颁发的"职业介绍许可证"，按照有关规定，所有的职业介绍机构必须把职业介绍许可证挂放在经营场所的显著位置。如果到有"放心中介单位"标牌的职业介绍机构，就可以更放心了。

二、找工作要提防被骗

（一）识别违规的职业介绍活动

根据《劳动力市场管理规定》第二十一条规定，禁止职业介绍机构有下列行为：

（1）超出标准的业务范围经营；

（2）提供虚假信息；

（3）超标准收费；

（4）介绍求职者从事法律、法规禁止从事的职业；

（5）为无合法证照的用人单位或者无合法身份证件的求职者进行职业介绍服务活动；

（6）以暴力、胁迫、欺诈等方式进行职业介绍活动；

（7）伪造、涂改、转让批准文件；

（8）以职业介绍为名牟取不正当利益或进行其他违法活动。

如果职业介绍机构存在以上行为中的任何一种，就是违反《劳动力市场管理规定》的职业介绍活动，由劳动保障行政部门责令改正，并可处以10000元以下罚款。进城务工者在求职时受到职业介绍机构以上违法行为侵害的，可以向劳动保障部门投诉，依法维护自身权益。

案例

徐某经某家政公司介绍，进入某知名企业做操作工工作。在其获得录用通知的同时，也收到了该家政公司要求其缴纳剩余的300元中介费，而徐某已经向该家政公司支付了登记费20元，中介预缴费300元。

案例评析

人才中介组织的收费项目和标准应当严格按照国家和省物价部门的有关规定，并在服务场所予以公布。一般的操作工中介费不会超过50元。家政公司只能从事工商部门核定批准的经营范围，在职业介绍方面，家政公司只能介绍保姆，除此以外的职业介绍是不能进行的。个人就更不能从事职业介绍服务。不少家政公司假冒人才中介服务组织，利用他人找工作心切的心理，大张旗鼓地张贴招工信息，进行骗钱、套钱、坑钱活动，损害当事人的合法权益。所以，奉劝进城务工的农民朋友：不要轻信非法人才中介机构！

（二）常见的骗局

一旦你踏上离乡的路，步入打工生涯，不但要设法谋生赚钱，还要应付复杂的社会生活。城市人口众多，天南海北、各色人等聚集于此，鱼龙混杂，作为一个人地两生的外地人，必须心存警惕，因为骗局可能就在你的身边。因此，防止上当受骗就成为打工生活中必不可少的一课。

骗术形形色色，各种各样，但其本质离不开一个字：钱。骗子骗人都是因为贪财而产生了坏想法，于是想出各种手段骗取他人的钱财，或者以他人为手段，达到自己不可告人的目的。下面几种情况是打工者必须多加注意的：

1. 职业介绍骗局

有些专门行骗的团伙，开设私人的职业介绍所（即所谓的"黑职介"），利用进城务工农民急于找到工作的心理，用花言巧语作出各种承诺，说是能找到工资高、条件好的工作，然后收取很高的定金、介绍费和手续费。等到过几天打工者再来找他们时，他们已经卷着钱逃之夭夭了。因为这些骗子是"打一枪换一个地方"，受骗的人只知道对方长什么样子，而骗子用的姓名都是假的，根本没办法找。没有确实的证据，警察也没有办法。

一般而言，"黑职介"无法做到"四证"俱全（即劳动保障部门核发的《职业介绍许可证》、工商管理部门颁发的《经营许可证》、税务部门核发的《税务登记证》和物价部门核准的《收费许可证》），只能拿假证件和复印件欺骗求职者。求职者如果碰到这种情况，应记下证件号码和其他有关信息到相关部门查询。而且"黑职介"通常规模较小，位置隐蔽，条件差，有的只有一部电话、几张桌子和一些随便贴在墙上的招聘信息。求职者在职业介绍机构求职时应多观察多询问，"黑职介"喜欢信口开河作出承诺，说得多了，自然会露马脚。求职者询问、记录某些信息时，正规职介所会泰然处之，"黑职介"会显得十分紧张，甚至断然拒绝。

24 岁的谢某在北京注册了北京德泰嘉业信息咨询公司。随后，他在 5 家写字楼内租了多间办公室，安排自己的亲戚充当负责人，然后通过多家报纸发布高薪急聘司机、话务员、电工等广告。

应聘司机的李先生是交纳费用最多的，交纳 5800 元的保证金等费用后，他被派到一家其实是谢某分公司的地方去当司机兼总经理助理，但第一天上班就被辞退。李某提出退钱，结果被告知只能拿回交纳费用的10%~30%。

此后3个月，德泰嘉业公司利用此方法骗取了大量事主，收取费用从几百元到上千元不等。事主发现被骗后要求退款时，谢某等人以协议规定为理由拒绝退款或象征性退款，遭到事主拒绝后还手持木棍威胁、恐吓事主。

案例评析

通过私人职业介绍机构寻找工作，一定要提高警惕，要查看该机构是否具有劳动部门颁发的《职业介绍许可证》，查看有没有合法有效的招工简章和招工单位出具的招工委托代理书。同时要留心收费标准是否公布上墙，收费是否过高。

所以进城找工作，一定不要轻信路边那些说能帮助你找到工作的人，也不要到没有"职业介绍许可证"的私人职业介绍所，最好是到政府部门办的公共性职业介绍机构，或者是到正规的营利性职业介绍所。一般来讲，政府机构和劳动部门开办的职业介绍所比较正规，有严密的工作程序和严格的规章制度，绝对不会让你吃亏或者上当。

2. 招聘骗局

找工作的人多，于是有些人就抓住了这个空隙，假装是某公司或某饭店等的招聘人员，开始招聘员工。通常情况下他们会吹嘘自己的单位工作如何好，待遇如何好，但是他们招工都有一个条件，就是工作之前必须要交押金。打工者交了押金，心里想着好工作，可是最后竹篮打水一场空，工作没找到，还被人骗了钱。

3. "炸药包"骗局

打工者很容易被骗子盯上，尤其是初次到城市的打工者。因为骗子很容易就看出你初来乍到，对什么都不熟悉，知道你容易

上当。"炸药包"骗局是这样的：当你正在行走或骑车时，会忽然发现地上有一枚金戒指或者其他装有贵重物品的包裹，你发现这个东西的时候，会有另外一个人走过来，说你们两个同时发现这东西，既然同时发现就都有份，但他会做出很大方的样子，说如果你给他多少钱这东西就归你了。通常情况下，他似乎很吃亏，例如，捡到金戒指，他会说你给我100块，这东西就归你。你听他这么一说觉得自己很合算，就给了他钱，而当你拿到东西后，会发现那是假的，而骗子早已逃得无影无踪了。所以，遇到这种情况，一定不要贪财，克服占小便宜的心理。

4. "碰瓷"骗局

在现实生活里，当你走在路上，会有人突然撞你一下，而这个撞你的人可能怀里抱着什么贵重的东西，这一撞就把那个东西"撞坏"了，他就会说自己的东西如何珍贵，你必须赔。你不赔对方就要把你送到公安局等，用各种方法吓唬你，而你自己无依无靠，可能就害怕了，只能乖乖地给人家赔钱。如果碰上了这种事情，不要怕，可以跟对方心平气和地说，或者一起到公安部门去，而且要敢于揭穿对方的骗局。

5. 中奖骗局

在火车或长途汽车上，经常会有人喝饮料，突然说"我中奖了"，说他喝某品牌的饮料，瓶盖上印了"5万元"或多少多少钱的奖，这时就会有人出钱买他的中奖的瓶盖，而这些人其实是"托儿"，就是跟他一伙的，他们一起在演戏，准备骗别人的钱。最后就会有人不知他们在演戏骗人，自己出了几百元甚至上千元购买了这个中奖的瓶盖，等人家下车走了，自己去兑奖，才发现"发财梦"真是个梦，这个瓶盖是假的。

总之，骗子都是抓住了人们贪财、占小便宜、胆小怕事的心理来骗人的，遇到这种骗局，自己要头脑清醒，凡事三思而后行，天上不会掉馅饼，不要轻易上当。

三、寻找适合自己的工作

（一）选择适合自己工作的重要性

现代职业种类多得让人眼花缭乱，看起来似乎很多工作都适合自己。其实并不是每个人都能胜任所有工作。有人看到别人做某种工作做得很好，就觉得自己同样可以做，但真的做了之后才发现根本不是那么回事。这是由于职业差异和我们的个体差异所造成的。俗话说"量体裁衣"、"量力而行"，正确选择适合自己的工作是十分重要的。找到一份适合的工作如同买了一件称心如意的衣服，自己穿了合适，别人看了也觉得舒服。在适合自己的工作环境里工作，状态会很放松，像鱼儿在水中游泳，无论做什么都觉得得心应手，也很容易做出成绩。而且与这个职业相关的知识会掌握得越来越多，专业水平也会不断提高，于是有可能成为同行中的佼佼者。

（二）判断自己适合什么样的工作

面对种类繁多的工作，怎样才能判断出自己适合做哪类的工作呢？这需要对自己进行全面的衡量，包括心理上和生理上的各项条件都要认真地分析，然后才能判定自己适合做什么工作。

从心理上说，喜欢什么工作是最重要的因素。因为只有对某项工作产生兴趣的时候，才会引导人们自觉地朝着相关的方向努力、积累相关的知识和技能。性格也是重要的影响因素，显然，一个性格内向、少言寡语的人从事商品推销工作是不合适的，一个脾气急躁、缺乏耐心的人也难以胜任诸如校对、售货等工作。

除此之外，具备怎样的能力，也是判断自己适合哪种工作的重要标准。你具有烹调能力，可以做出各式花样的可口菜肴，那么就选择厨师工作；你的手很灵巧，眼手具有很好的协调性，可以选择家电维修、手工艺等工作。

从生理角度讲，长相、模样、体格、体力等这些身体的自然条件也可成为判断自己适合哪种工作的依据。许多工作对从业者的生理条件都有特定的要求，如大宾馆、饭店的服务人员、保安人员对相貌、身高有特定的要求，搬家公司对其员工的体力、耐力有特定要求。有色盲的人不能从事与颜色有关的工作，如蔬菜的分级包装、印染、化验等工作；有嗅觉缺陷的人不能从事食品生产、化妆品销售等工作。了解自己的生理特点和工作对从业者身体条件的要求，可以减少求职失误和工作挫折。

（三）各类行业的从业素质要求

1. 建筑行业的素质要求

建筑业是技术性强、劳动强度大的行业，对从业者素质的要求比较高，具体说表现在以下三个方面：

第一，身体条件要好。建筑工作大都是强体力劳动，工作环境较恶劣，从业者必须有良好的素质条件。凡患有高血压、心脏病、贫血、癫痫等症的人不宜从事建筑工作。

第二，安全第一的意识。建筑业的特点决定了在施工过程中，经常会有高空作业；而工地上到处都是钢筋水泥，砖头瓦块，稍有不慎就可能发生意外，任何粗心大意都可能威胁到生命安全。因此，作为建筑工人，必须牢牢树立安全第一的意识，严格遵守工地施工的安全要求，遵守安全操作规范。

第三，知识与能力。从事建筑业的劳动者应掌握建筑工艺中的一种或几种技能，同时要熟悉有关建筑质量标准、质量管理等知识，了解建筑的一般过程，熟悉灭火常识、安全用电知识以及急救常识等。

2. 室内装修业的素质要求

在大城市，室内装修业吸纳了众多的进城务工者。从室内装修业设计到建筑物的安全、居室环境保护、舒适美化等内容，因此对从业者的素质有较高的要求。

对于从事室内装修业的人来说，首先要具有初中以上的文化程度，具有两年以上的专业训练或操作经历；了解各类装饰材料性质、用途、使用方法，掌握室内装修的工艺过程；有一定的设计知识和识图能力，能够照图纸进行作业处理；掌握安全技术规程以及防毒、防火的常识。室内装修业的各个工种均有较高的技术要求，从业者必须掌握熟练的操作技能。

审美素质也是必需的，现代的室内装修更像是一件工艺品，从地面、墙面、顶棚、厨房、浴室到灯光的颜色、形状、布局要求具有整体美感。工作人员缺乏审美能力、审美情趣和审美修养是不能胜任的。

从事室内装修一定要讲职业道德。室内装修关系到整个建筑物的结构安全，不能为了施工方便，或满足雇主的要求，无原则地破坏房屋结构；室内装修关系到居住者的安全，不能使用劣质的、有毒的装饰材料，危害居住者的健康；从事室内装修不能有"一次性"的心理，要从使用者长远利益出发，不能鼠目寸光，要靠良好的装修质量赢得用户的认可。

3. 城市餐饮业的素质要求

从事城市餐饮业无论是做厨师还是餐厅服务员，都要求具有强烈的服务意识，有端正的服务态度，能严格遵守职业纪律。

在文化知识方面，要具有初中以上文化程度，具有原料知识、营养学知识、卫生知识和经营管理知识，如果在涉外饭店工作，还需要外语知识和会话能力。作为服务行业，直接与顾客打交道，需要丰富的知识面，不仅对本饭店经营的饭菜和酒水有足够的了解，还要对饮食知识和饮食文化有一定的了解，能满足不同群体、不同层次顾客的需求。

在生理方面，一般要求男性身高 1.70 米以上，女性 1.60 米以上，视力不低于 0.6，味觉、嗅觉灵敏，动作反应迅速，双手及眼手协调能力强。无色盲、无口臭、无口吃、无皮肤病、无传染病。对于服务员还要求五官端正、言语流畅。

在个人修养上，餐饮业是窗口行业，这要求从业者具有良好的个人修养，注重仪表、整洁大方，懂得礼仪，穿着打扮要合适、合体、合度，保持饱满的精神状态。

4. 修理业的素质要求

修理业的内容十分广泛，从楼房设备到钟表仪器，从家用电器到小孩玩具，几乎与每个人都有关系。常见的如电器修理、机动车与人力车修理、钟表眼镜修理、上下水管道修理以及皮鞋、雨伞、皮包等物品的修理。从业的方式也是多种多样的，有的应聘于公司、企业，如自来水公司、天然气公司、汽车修理厂等，有的自己租房开修理部，有的只是摆个修理摊。无论在哪里从事什么内容的修理业，都需要一定的专业知识和娴熟的修理技术，如果能够做到"手到病除"，那一定会赢得众多的顾客。

另外，从事修理业重要的是要坚持诚信，做到急顾客之所急，想顾客之所想，文明服务，童叟无欺。而随着社会的迅速发展，修理业发展十分迅速，不仅修理业务越来越多，顾客要求修理的东西越来越复杂，而且用于修理的工具也越来越先进，这就需要从业者不断地钻研技术，学习新的方法，学会使用最新的检测工具，提高服务水平。

5. 家庭服务业的素质要求

家庭服务业涉及的内容十分丰富，包括照看婴儿、接送孩子、照顾老人和病人、洗衣做饭、打扫卫生、家庭教师等许多方面。家庭服务的需求越来越大，对劳动力的吸纳能力很强，是近些年发展最快的行业之一。家庭服务的形式也是多样的，有相对稳定的，也有临时的或小时工，有单项的家庭服务，也有综合的家庭服务。居民家庭一般通过劳务公司、家政公司或劳务市场寻找从事家政服务业人员。想从事这类工作，最好的办法就是参加各地妇联或社区举办的家政服务组织，单打独干不会有充足的活源，也影响个人收入。

家庭服务业的特点是进入家庭内就业，工作要细，并要与各种各样的雇主接触，因此，对家庭服务业人员的素质要求也比较高。

身体要健康。对从事家庭服务业的人员来说，身体条件是前提，不仅洗衣、做饭、打扫卫生等工作需要有较好的体力，也因为你要与婴儿、老人甚至病人接触，而他们的抵抗能力又都比较弱，所以，要求家庭服务人员必须身体健康，不能患有任何传染病，同时要有良好的卫生习惯，不把病传给别人，也不让别人把病传给自己。

良好的个性品质。报纸电视上有过这样一些报道：某小时工盗窃雇主家中的财物，某保姆虐待雇主家的老人，更严重的还有人拐卖雇主家的儿童。因此，很多人对雇保姆和小时工存在一定顾虑。所以，具有良好的个性品质，是从事家庭服务业最基本的要求。家庭服务业是为家庭或个人提供服务，琐碎的事情很多，尤其对于照顾老人和孩子更要有足够的细心和耐心。

有良好的人际沟通能力。从事家庭服务业的人员几乎要与雇主家中的所有人朝夕相处，所以，这就要求务工者有一定的沟通能力，及时跟雇主反映各种情况，出现问题能够解释清楚，防止出现误会。同时，良好的人际沟通能力，也能帮助务工者与雇主及其家庭成员和睦相处。

6. 书刊零售业的素质要求

书刊零售业是城镇服务业的重要内容，也是农民进城就业的重要渠道。根据书刊销售方式有流动零售和固定摊位销售，根据销售内容有报纸、刊物、书籍以及电子出版物的销售等。从事书刊零售选择合适的摊点位置很重要，一般选在人流较大的住宅小区、汽车站、火车站等区域。

从事书刊零售业首先需要从业者了解有关图书、报纸、杂志以及电子出版物方面的知识，熟悉批发、零售业务，懂得市场行情，特别要研究不同的读者群体的阅读兴趣，了解市场上哪种书刊、报纸、杂志比较畅销。从事书刊零售工作的人本身应该是个喜欢读书的人，只有如此，才能为读者介绍、推荐好的出版物，才能面对眼花缭乱的出版物具有辨别良莠的能力。

其次，要有较强的法律意识，国家对个体销售出版物有明确的规定。如不得经营进口书刊，港、澳、台书刊和"内部发行"的书刊；不能经营国家明令禁止的出版物和其他非法出版物，如凶杀、淫秽、盗版书刊；不能以各种形式批发或零售由新华书店经营的党和国家领导人著作、重要文献，党和政府统一规定学习的政治理论书籍，中小学课本和大中专教材，以及国家新闻出版管理机关规定的个体、私营书摊不能经营的其他类别书刊；不能加价或强行搭售书刊。

7. 从事保安工作的素质要求

保安的职责是维护居民正常生活不受坏人侵扰，保护居民或单位财产不受损失，同时协助有关执法机关对某些违法乱纪行为进行解决处理，维护治安环境。保安人员可以工作在公司、机关、学校，也可以工作在大型商场、超市、娱乐中心和居民社区等。由于与其他服务业性质不同，对于从事保安行业的人员也有特殊的要求。

首先是身体条件。保安工作一般由身强力壮的年轻男子来担任，许多单位都要求从业者是身高在 1.70 米以上、五官端正的年轻男性，最好懂一点武术和防身术。

其次要有法律常识。由于保安是个特殊的行业，经常面对违法乱纪的行为，因此必须了解一些法律常识，懂得如何运用法律来保护集体与个人的利益，并利用法律对付坏人坏事。懂得法律，才能更好地发挥法律的威严与效力。作为保安人员，一定要杜绝违反法律的现象发生。

其三要有职业道德。从事保安工作要求具有极强的责任心与正义感。面对可能出现的问题，甚至可能出现的危险，不能睁一只眼闭一只眼，也不能临阵退却，要敢于同坏人坏事作斗争。

其四不要越权。由于保安人员是各单位招聘的普通职工，尽管穿着制服，但完全不同于公安、检查人员。作为保安人员要明确自己的角色身份，不能出现超越自己职权范围内的行为。例如在一家超市内，保安人员怀疑某人有盗窃行为，对当事人提出搜身的无理要求。这就超越了自己的职权范围。

（四）找工作的技巧

找工作同做其他事情一样，也有方法和技巧。很多人找不到工作并不是因为他们没有做事的能力，而是因为他们在找工作过程中没有运用正确的方法和一定的技巧。所谓技巧，主要包括三个方面的内容：

1. 了解自己

包括了解自己的知识、技能、性格、爱好以及身体状况等。找工作之前，必须先对自己有全面的认识，知道自己能做那方面的工作，不适合做哪方面的工作。找工作不能眼高手低，明明自己没有能力做的工作却偏要做，结果一定会被拒之门外。

2. 了解你所选择的职业和行业

可以向亲朋好友中做过相关工作的人了解有关情况，也可以向从事这方面工作的其他人请教。他们经验丰富，体会深刻，能给你提供具有指导意义的信息，他们工作过程中的失败教训，对你可以起到预防的作用，而他们的成功经验又是你可以借鉴的。

3. 自我推荐

求职就是寻找和得到工作的过程，通常包括获得用人的信息、争取面试、谈话、签约等环节。找工作就像推销商品一样，要让顾客买你的产品，你必须告诉对方，你的商品质量如何高，价格怎样公道，才能吸引人们来买这种商品。一定要学会推销自己，表示自己有能力做好这份工作，这样别人才会认可和录用你。

很多时候，有的人找不到工作并不是因为没人雇用，而是因为走进了一些误区。这些思想和行动上的错误往往会导致他们难以找到合适的工作，所以应尽量避免进入这些误区。

第一，找工作挑肥拣瘦。有些人面临眼花缭乱的职业，往往处在两难状态，想干又怕艰苦，不艰苦的工作收入又低。其实，收入高的工作，不是劳动强度大，就是对人的素质要求高；清闲的工作，对从业者素质要求低，收入低，不可能存在一个既清闲，又收入高，人人都可以做的工作。具有吃苦耐劳的精神是做好一项工作的起码条件，我们应该懂得先苦后甜的道理，从艰苦的、简单的工作做起，等有了经验、有了资本，自然就会有更好的工作。

第二，这山望着那山高。有些人总是看着别人的工作比自己的好，频繁地换工作，结果知识和技能始终得不到提高，最终为社会所淘汰。找工作要量力而为，从自己能够胜任的工作做起，一步一个脚印地积累知识和技能，因为职业技能的积累只有在相对稳定的工作环境中才能进行。

第三，畏首畏尾，缺乏自信。有些人的行为被自卑心理所笼罩，总觉得自己什么工作都做不了，明明可以做的工作，却因为对自己没有足够的信心，害怕能力不够而不敢去尝试。这样无疑失去了很多工作机会。

第四，对金钱过分迷恋。赚钱是每个进城务工人员最直接的目的，有些不法分子利用这种心理，以高工资、高报酬为诱饵，吸引不知情的人上当，最后不但没挣到钱，自己还被别人利用，走上了犯罪的道路。挣钱是进城务工的目的之一，但挣钱要取之有道，合理合法，何况挣钱并不是进城务工的唯一目的，选择工作时要考虑自身的发展，选择更有利于在城市生活的工作。

（五）暂时找不到合适的工作该怎么办

进入城镇之后，有可能会暂时找不到工作。这可能是因为当初获得的务工信息不准确，或者是打工单位的招工情况发生了变化，又或者是因为所在地的劳动力市场饱和。由此可以看出，在外出务工之前对务工信息和将要去的城市的充分了解是十分重要的。

到达务工城市后，如果真的遇到找不到合适工作的情况，也用不着慌张。首先，应该冷静下来，看一看自己带了多少钱，算一算除去回程的车票费用外还能够在城里停留几天。然后开动脑筋，想一想当地有哪些人在这种情况下能助你一臂之力，哪些单位或者个人可以给你提供找工作的线索。比如住在当地的亲戚朋友，当地的劳务市场、职业介绍机构以及可能用工的地方等。接下来，就该到这些地方去看看，多走多问，积极地自我推荐。不要挑肥拣瘦，要先找份工作，安定下来。特别要注意的是，千万不能因为找不到工作而从事一些违法乱纪的工作。

四、面试的技巧和方法

在进城务工过程中，无论找什么工作都会经过面试这一关。面试就是在用人单位初步审查后安排的面对面的谈话，对方会向你提出一些问题，根据你的回答和对你的印象决定是否录用。通过面试，用人单位可以了解你的人品、能力，是决定是否录用的依据。通过面试交谈也可以帮助你了解这份工作的环境、气氛、条件、待遇，了解老板的人格与品质，是你决定是否来该单位工作的依据，所以必须要重视面试。

（一）面试前的准备

1. 思想准备

要充满自信地参加每一次面试。在面试时充满自信不仅可以鼓舞自己，也会感染他人，这对找工作是有帮助的。但同时也要有失败的心理准备。如果面试成功了那自然是好事；不成功也不能灰心丧气，千万不要因为一次失败就失去信心和勇气。要总结经验教训，认识到面试失败你并没有失去什么，而是为下一次面试积累了经验。

2. 行动准备

了解你应聘单位的具体情况。比如单位的地点、环境、员工待遇、主要负责人等。因为这些将成为面试时的共同话题，如果在面试时招工负责人发现你对这些情况很清楚，就会减少陌生感，增加亲密感。了解你所要应聘工作的性质和特点。这样，面试时才能根据工作性质和特点，有针对性地向招聘者阐述你的能力和特长，让别人相信你就是适合这份工作的最佳人选。

把个人的基本情况用文字写出来，即整理一份简历（或叫履历表），把你的姓名、年龄、籍贯、性格、爱好、特长及工作经历等都填写清楚，做到简单明了。面试要取得好的效果，还需要事先多演练几次，避免面试时因为紧张或其他原因而出现失误。

（二）面试的注意事项与技巧

1. 面试时不能迟到

守时是现代人的突出品质，城市与农村一个重要的区别就是具有强烈的时间观念。如果求职者迟到，首先会使对方认为你缺乏时间观念，缺乏诚信。其次也会让你自己处于被动、尴尬的位置，导致面试的失败。

2. 面试时要穿着整洁

"三分长相，七分打扮"，"人靠衣裳马靠鞍"，虽然我们没必要西装革履，但是穿着一定要整洁，不要给对方邋遢、不讲卫生的印象。试想，一个连自己都收拾不好的人，怎么能干好工作呢？

3. 面试时要讲文明，懂礼貌，注意礼节

要做到举止既大方又适度，不能坐没坐相，站没站相。打招呼时要用礼貌用语，称呼要得体，即使别人说错了话也不能嘲笑别人。不能随便打断别人的谈话，也不要乱动面试现场的办公设施，以免引起他人的反感。同时，必须注意克服一些不良习惯，比如吸烟、随地吐痰等。

4. 在面试中突出自己的能力时要谦虚、适度，实事求是

展示能力要尽可能用事实说话，不能夸大其词。如果是熟人推荐的，面试时不要反复提及那个人的名字。如果没有做过某项工作，应该如实说明，不要胡编乱造，因为所有的谎言都会不攻自破。

案例

汪先生，机械专业毕业，面试一家报社的编辑。从面试开始就不停地向主考官发问，从公司的经营理念到赢利点等，自始至终让主考官都没时间发问。结果汪先生这次面试失败了，没有被录用。

案例评析

负责汪先生面试的主考官给他作了评语："过于自信，显得轻浮，不敬业，这样的男孩子恐怕不太踏实。"由于不恰当地自我评价，引起对方的反感，产生了此人不谦虚的看法，自然也就影响了被录用。

5. 面试时不要紧张

有的进城务工者遇到回答不出来的问题就特别紧张，说话结结巴巴，本来能回答的问题也答不出来，为此丧失了被录用的机

会。要想不紧张，可以加强面试前的练习。

6. 适当提出自己的条件

谈论报酬待遇是你的权利，关键要看时机。一般在对方已有初步聘用意向时，再委婉地提出来，如"待遇怎么样?""管吃住吗?""车费报不报销?"如果一见面就急着问这些问题，会留给对方"工作还没干就先提出条件"这样不好的印象。

7. 面试不是你走出用人单位办公室后就结束了

面试后还要与招聘者保持一定的联系。可以利用和他再联系的机会，加深他对自己的印象。但要做到得体，不要造成逼迫人家答复的错觉。

思考与问答

1. 进城寻找工作有哪些途径? 各有什么优缺点?

2. 如何防止被骗?

3. 如何选择适合自己的工作?

4. 从事城市餐饮业需要什么样的素质要求?

5. 当保安有什么要求?

6. 面试时需要注意哪些事项?

第三单元　劳动合同

很多进城务工者对签订劳动合同不以为然，认为只要有钱挣就可以了。殊不知，劳动合同的签订有助于维护自己的合法权益，是发生劳动争议时的有力依据。每个进城务工者都必须与用人单位签订劳动合同。

一、仔细签订劳动合同

（一）进城务工必须签订劳动合同

劳动合同是劳动者与用人单位确立劳动关系，明确双方权利和义务的协议，是劳动者与用人单位依据《劳动法》建立劳动关系的书面法律凭证。劳动合同也是稳定劳动关系、用人单位强化劳动管理、劳动者保障自身权益、双方处理争议的重要依据。劳动者与用人单位之间的劳动关系涉及很多方面，比如：干什么活，有什么技术要求，干多长时间，工资怎么算，劳动条件怎么样，劳动保护怎么样，有哪些劳动纪律等。这些问题都要在事先由双方商量好，并签下合同。合同一经签订，就具有了法律效力。

《劳动法》规定，建立劳动关系都要签订劳动合同。签订劳动合同的重要性主要有：

1. 签订劳动合同可以强化用人单位和劳动者双方的守法意识

以劳动合同的形式明确劳动者和用人单位双方的权利和义务，双方之间就有了一个具有法律约束力的协议。在劳动过程中，用人单位依据劳动合同管理职工，行使权利和履行义务；职工也依据劳动合同保护自身的权益、履行相应的义务。

2. 签订劳动合同可以有效地维护用人单位与劳动者双方的合法权益，明确了用人单位与劳动者之间的雇佣关系

劳动合同要规定一定的期限，在合同期内，用人单位和劳动者都不能随意解除劳动合同。合同期满后，用人单位和劳动者可以就是否续签合同等重新进行协商，这就保持了用人单位用人和劳动者求职的灵活性。

3. 签订劳动合同有利于及时处理劳动争议，维护劳动者的合法权益

如果没有劳动合同，劳动者可能会在工资收入、工作时间长短、工作条件等方面与用人单位发生争议时，由于没有证据而遭受损失。

 案例

王某是一名客服人员，到目前为止，在深圳一家公司工作近半年了，当初公司口头承诺月工资2000元，但只发几个月就一直以资金紧张为由不发了，目前包括年前的工资，已有三个月的工资没有发放；他要求和公司签订劳动合同，但经理说已过了签订时间，就没有和他签。由于公司和王某之间没有签劳动合同，他该如何处理，来维护个人的权利？

案例评析

小王这个案例具有一定的典型性。根据《劳动法》的规定，用人单位应与员工签订劳动合同，且劳动合同应当以书面形式订立。在本案例中，公司未与小王签订劳动合同，但小王在公司工作已经近半年，双方实质上已形成法律上所讲的事实劳动关系，该劳动关系亦受法律保护。同时，双方未签订劳动合同，过错在于公司，公司的做法明显违反了《劳动法》和《深圳经济特区劳动合同条例》等法律、法规的规定。因此，小王完全可以通过法律保障自己的正当权益，可向所在区劳动监察大队投诉、举报，或向所在区的劳动仲裁委员会提出仲裁，要求公司发放工

资，并赔偿相应损失。还需要注意的是，小王在采取保护措施前，需要注意收集和保留相关证据，用以证明自己和公司的事实劳动关系，如工作证、相关文件等。如果小王一开始被录用时就坚持签订劳动合同，事后发生纠纷解决起来就会省去许多周折。进城务工的朋友务必记住小王的教训，一定要重视签订劳动合同，这样才能有效地维护自己的合法权益。

签订劳动合同时要遵循平等、自愿、协商一致的原则，不得违反法律和行政法规。进城务工者应当依据《劳动法》，理直气壮地要求用人单位签订劳动合同。在合同上签字前要仔细阅读合同条款，对内容含混的条款要坚持改写清楚，对不合法的内容要据理力争，以维护自己的合法权益。

签合同时要仔细看合同内容后再签字

（二）劳动合同必须具备的条款

根据《劳动法》规定，劳动合同应当以书面形式订立，包括以下必备条款：

（1）劳动合同期限，即劳动合同的有效时间。

根据《劳动法》规定，用人单位与劳动者签订的劳动合同期限可以分为三类：①有固定期限，即在合同中明确约定合同期限，可长到几年、十几年，短到一年或者几个月。②无固定期限，即只约定了起始日期，没有约定具体终止日期。无固定期限劳动合同可以依法约定终止劳动合同条件，在履行中只要不出现约定的终止条件或法律规定的解除条件，一般不能解除或终止，劳动关系可以一直存续到劳动者退休为止。③以完成某项工作或者某项工程为有效期限，该项工作或者工程一经完成，劳动合同即终止。

（2）工作内容。即劳动者在劳动合同有效期内所从事的工作岗位（工种），以及工作应达到的数量、质量指标或者应当完成的任务。

（3）劳动保护和劳动条件。即为了保障劳动者在劳动过程中的安全、卫生及其他劳动条件，用人单位根据国家有关法律、法规而采取的各项保护措施。

（4）劳动报酬。即在劳动者提供了正常劳动的情况下，用人单位应当支付的工资。

（5）劳动纪律。即劳动者在劳动过程中必须遵守的工作秩序和规则。

（6）劳动合同终止的条件。即除了期限以外其他由当事人约定的特定法律事实，这些事实一出现，双方当事人间的权利义务关系终止。

（7）违反劳动合同的责任。即当事人不履行劳动合同或者不完全履行劳动合同，所应承担的相应法律责任。

根据有关法律规定，用人单位与劳动者订立劳动合同时，还应当将工作过程中可能产生的职业病（包括职业中毒）危害及其后果、防护措施和待遇等如实告知劳动者，并在劳动合同中写明，不得隐瞒或者欺骗。劳动者在已订劳动合同期间，因工作岗位或者工作内容变更，从事与所订立劳动合同中没有写明存在职业病（包括职业中毒）危害的作业时，用人单位应当向劳动者如实说明，并协商变更原劳动合同相关条款。用人单位如违反这两款规定，劳动者有权拒绝从事存在职业中毒危害的作业，用人单位不得因此单方面解除或者终止与劳动者所订立的劳动合同。

劳动合同的内容除以上必备条款外，劳动者与用人单位还可以在法律、法规允许的范围之内，协商约定其他内容作为劳动合同的约定条款，如试用期限、商业秘密的保护以及违约金、培训费的支付和有关赔偿等。

从事非全日制工作的人员，劳动合同期限在一个月以下的，经双方协商同意，可以订立口头劳动合同。但劳动者提出订立书面劳动合同的，应当以书面形式订立，其内容由双方协商确定，应当包括工作时间和期限、工作内容、劳动报酬、劳动保护和劳动条件五项必备条款。

（三）签订劳动合同应注意的事项

（1）用人单位应当依法与劳动者签订劳动合同，明确双方权利义务，并必备劳动合同期限、工作内容、劳动保护和劳动条件、劳动报酬、劳动纪律、劳动合同终止的条件、违反劳动合同的责任等条款。

（2）订立劳动合同，用人单位不得以任何形式向劳动者收取定金、保证金或扣留居民身份证。

 案例

赵某，2006年到杭州某汽车修理厂打工，该汽车修理厂老板要求赵某将身份证交厂里保管，以便办理暂住证和应付治安检查。同时与赵某约定，每月工资1800元，但只发1700元，余款作为诚信保证金，在赵某合同期满时一次性给付。

案例评析

在本案中，涉及两个问题。一是用人单位扣押劳动者的身份证；二是用人单位变相收取保证金。用人单位的这两种做法都是违法的。用人单位与劳动者签订劳动合同，不得收取或者变相收取抵押金、抵押物、保证金、定金等，不得扣押劳动者的身份证和其他合法证件。也不允许用人单位要求劳动者一方确定保证人，并由保证人在劳动合同上签字，以担保劳动合同的履行。

（3）违反法律法规的劳动合同或是采取欺诈、威胁等手段订立的劳动合同，属于无效劳动合同，劳动者无须履行无效劳动合同。

（4）劳动合同的附件是不容忽视的。在法律上，带有附件的劳动合同是被认可的。依照我国劳动政策相关规定，这些附件也可以作为劳动争议处理的有效证据。所以，劳动者在签订劳动合同时一定要认真研究这些附件。

案 例

刘女士在泸州市公交总公司从事了18年售票工作。某日上午,她在售票时,因为失误收了5张票的钱,却只给了乘客4张票,被公司以"票务违纪"解除了劳动关系。她不服,就把企业告上了泸州市劳动争议仲裁委员会,得到的结果是:维持被诉人泸州市公共交通有限公司对申诉人刘女士解除劳动合同关系的决定。

在这一事件中,哪些是劳动合同的附件呢?

据了解,刘女士所在的公司改制后,企业经过职工代表会议审议,通过了泸州市公共交通有限公司《运营管理规定》(泸公交〔2002〕97号文),在其第六章中规定,售票员收钱不撕票或少撕票,收售废票(回笼票)、假票是侵占行为,一经查实,解除劳动关系。

刘女士与泸州市公共交通有限公司签订的劳动合同中明确指出:凡达到《劳动法》中规定解除劳动合同条款的,可依法提出解除劳动关系;同时,乙方违反甲方制定的规章制度中应解除劳动关系的条款的,甲方有权解除乙方的劳动合同。这里,泸州市公共交通有限公司《运营管理规定》就是刘女士与企业签订劳动合同的附件。

案例评析 ▶ 从上例可以看出,刘女士没有认真研究劳动合同的具体约定,没有吃透劳动合同的附件精神。由此可见,劳动合同是劳动者与用人单位确立劳动关系、明确双方权利、义务的协议,一经签订就要履行,谁违约谁要承担后果。即使是劳动合同的附件,也可以成为双方维权的有效证据。

(5)临时工和个体工商户雇工都应该签订劳动合同。国家有关部门规定:《劳动法》实施后,所有用人单位与职工全面实行劳动合同制度。用人单位即使在临时性岗位上用工,也应当与劳动者签订劳动合同，并依法为其建立各种社会保险，使其享有有关的福利待遇，但在劳动合同期限上可以有所区别。私营企业和请帮手带学徒的个体工商户，也必须通过签订劳动合同与劳动者建立劳动关系。

　　李某应聘某公司一临时性岗位，该公司负责人告诉李某这一岗位是季节性的岗位，秋季一过，这一岗位的人员就要被裁掉，所以公司只招临时工，并且不与李某签订劳动合同。李某百思不解："公司可以不与临时工签订劳动合同吗？"

案例评析

　　根据有关部门和《劳动法》的规定，用人单位如在临时性岗位上用工，应当与劳动者签订劳动合同。所以，本案中，如果李某被该公司录用，则该公司必须与李某签订劳动合同。

　　（6）试用期包含在劳动合同期限之中。签订劳动合同可以不约定试用期，也可以约定试用期。试用期是用人单位和劳动者为相互了解选择而约定的一定期限的考察期。国家规定，劳动合同期限在 6 个月以下的，试用期不得超过 15 日；劳动合同期限在 6 个月以上 1 年以下的，试用期不得超过 30 日；劳动合同期限在 1 年以上 2 年以下的，试用期不得超过 60 日。试用期最长不得超过 6 个月。

　　作为劳动者应该知道，当你和用人单位已经实际履行劳动权利和义务时，双方的劳动关系已经建立，双方的权利义务应受到法律保护。同时，只有签订劳动合同时，双方才可以约定试用期，而不是在试用期满后才签订劳动合同。试用期包含在劳动合同期限之中。

　　将于 7 月毕业的大学生小玲，已经与一家企业达成就业口头

协议，不过公司要求小玲马上开始进入公司上班，表示这段时间可以作为一年试用期的一部分。至于正式的劳动合同，则要等小玲试用期结束成为正式员工的时候再签。

在法律基础课上，小玲曾学过，企业使用员工必须签订劳动合同，但是自己不过是试用期，不签合同似乎也有道理。这合同到底该签还是不签呢？

案例评析

如今一些用人单位为降低人工成本，大量雇用短期临时工，且不签订劳动合同，待三个月试用期满，就以各种各样的借口予以辞退。如果对《劳动法》不了解的话，作为一个务工者，很可能会吃"哑巴亏"。实际上，只要使用员工就必须签合同，试用期必须包括在劳动合同期限内，而且试用期最长不得超过6个月。试用期的长短，不是单位说了算，比如小玲的单位说工作头一年为试用期，这是不妥当的。国家对劳动合同期限及相应试用期期限都有明确规定。

（7）用人单位不签订劳动合同时怎么办？如果有用人单位存在借不签劳动合同之机，故意损害职工合法权益的问题，劳动者可以向单位争取自己的合法权益；如果争取不到，可向劳动保障部门投诉。

（四）防止无效劳动合同

无效劳动合同是指所订立的劳动合同不符合法定条件，或者不具备法律效力。无效的劳动合同从订立的时候起就没有法律约束力。无效劳动合同包括两种：违反法律和行政法规的劳动合同；采取欺诈或威胁等手段订立的劳动合同。

另外还有一种部分无效的劳动合同，是指部分条款无效的合同。确认劳动合同部分无效的，如果不影响其他部分的效力，其余部分仍然有效。

劳动合同是不是有效不能由双方当事人来认定，而应由劳动争议仲裁委员会或人民法院来认定。无效的劳动合同,从订立的时候起,就没有法律约束力。也就是说,劳动者自始至终都无须履行无效劳动合同。确认劳动合同部分无效的,如果不影响其余部分的效力,其余部分仍然有效,同时必须对无效部分进行修改,以符合国家有关法律、法规的要求和双方当事人的意愿。

(五) 避免劳动合同陷阱

劳动合同就像是劳动者的护身符,然而,在现实生活中还是有不少用人单位在与劳动者签订劳动合同时,采取欺诈、胁迫等手段设置种种职业陷阱,严重侵犯了劳动者的合法权益。对此,求职者一定要提高警惕,以免上当受骗。这些设有职业陷阱的合同主要有以下五种:

1. 暗箱合同

这类合同中的权利和义务一边倒。有些企业与劳动者签订合同时,多采用已经写好了条款的格式合同,根本不与劳动者协商,不向劳动者讲明合同内容。在合同中,只从企业的利益出发规定用工单位的权利和劳动者的义务,而很少或者根本不规定用工单位的义务和劳动者权利。

案例

叶某是某公司职工,2002 年 9 月被公司根据该公司《岗位考核管理规定》中的末位淘汰条款而被末位淘汰。末位淘汰条款的具体内容是:由公司人事部门组织考核,每月按照一定程序对所有员工进行考核,考核分数排在最后两名的员工被淘汰,由公司予以辞退并办理辞退手续。叶某以此提起劳动争议。

案例评析

根据相关规定,用人单位制定的规章制度要想具有法律效力,必须具备两个条件:一是依法制定,二是必须公示。如果用人单位制定的规章制度与国家法律、行政法规及政策相抵触则无效。本案中,该公司的《岗位考核管理规定》中有关末位淘汰的规定是没有法律依据的，叶某以此提起劳动争议，该公司是要败诉的。因为订立、变更、解除劳动合同是双方的法律行为，企业不可以单方随便决定。

2. 霸王合同

这类合同，一般是以给劳动者或其亲友造成财产或人身损失相威胁，迫使对方在违背真实意愿的情况下所签订的。如今仍有不少用人单位利用劳动者求职心切的心理，向劳动者收取押金、风险金、培训费、保证金等各种数额不等的金钱，劳动者稍有违反管理的行为，用人单位即"合法"扣留这部分押金。

3. 生死合同

部分用人单位不按《劳动法》的有关规定履行安全卫生义务，妄图以与劳动者约定"工伤概不负责"之类的条款逃避责任。这类约定是违反《劳动法》的，即使已经写进合同里，双方已经签字，也是无效的。签订这类合同的主要是建筑、采石等从事高度危险作业的单位。这类企业，劳动保护条件差，隐患多，设施不全，生产中极易发生伤亡事故。

4. 卖身合同

具体表现在一些用人单位与劳动者在合同中约定，劳动者一切行动听从用人单位安排，一旦签订合同，劳动者就如同卖身一样完全失去行动自由。在工作中，加班加点，被强迫劳动，有的单位连吃饭、穿衣、上厕所都规定了严格的时间，剥夺了劳动者的休息权、休假权，甚至任意侮辱、体罚、殴打和拘禁劳动者。

5. 双面合同（或称阴阳合同）

一些用人单位在与劳动者签订合同的时候，准备了至少两份合同。一份是假的合同，内容是按照劳动部门制定的要求签订，用以对外应付有关部门的检查，但在劳动过程中并不实际执行；一份为真的合同，是用人单位从自身利益出发拟定的违法合同，合同规定的权利义务极不平等，对内用来约束劳动者的言行，对外则是为钻法律的空子。

二、劳动合同的终止和解除

劳动合同终止的情形有两种：一是劳动合同期限届满；二是双方约定的劳动合同终止条件出现。

劳动合同的解除，是指劳动合同有效成立后至终止前这段时期内，当具备法律规定的劳动合同解除条件时，因用人单位或劳动者一方或双方提出，而提前解除双方的劳动关系。

（一）用人单位可以解除劳动合同的情况

根据《劳动合同法》第三十九条的规定，用人单位在以下情况下可以单方面解除劳动合同：

（1）在试用期间被证明不符合录用条件的；

（2）严重违反用人单位的规章制度的；

（3）严重失职，营私舞弊，给用人单位造成重大损害的；

（4）劳动者同时与其他用人单位建立劳动关系，对完成本单位的工作任务造成严重影响，或者经用人单位提出，拒不改正的；

（5）因本法第二十六条第一款第一项规定的情形致使劳动合同无效的；

（6）被依法追究刑事责任的。

《劳动合同法》第四十条规定，有下列情形之一的，用人单位提前30日以书面形式通知劳动者本人，或者额外支付劳动者一个月工资后，可以解除劳动合同：

（1）劳动者患病或者非因工负伤，在规定的医疗期满后不能从事原工作，也不能从事由用人单位另行安排的工作的；

（2）劳动者不能胜任工作，经过培训或者调整工作岗位，仍不能胜任工作的；

（3）劳动合同订立时所依据的客观情况发生重大变化，致使原劳动合同无法履行，经用人单位与劳动者协商，未能就变更劳动合同达成协议的。

《劳动合同法》第四十一条规定：有下列情形之一，需要裁减人员20人以上或者裁减不足20人但占企业职工总数10%以上的，用人单位提前30日向工会或者全体职工说明情况，听取工会或者职工的意见后，裁减人员方案经向劳动行政部门报告，可以裁减人员：

（1）依照企业破产法规定进行重整的；

（2）生产经营发生严重困难的；

（3）企业转产、重大技术革新或者经营方式调整，经变更劳动合同后，仍需裁减人员的；

（4）其他因劳动合同订立时所依据的客观经济情况发生重大变化致使劳动合同无法履行的。

裁减人员时，就当优先留用下列人员：

（1）与本单位订立较长期限的固定期限劳动合同的；

（2）与本单位订立无固定期限劳动合同的；

（3）家庭无其他就业人员，有需要扶养的老人或者未成年人的。

用人单位依照本条第一款规定裁减人员，在 6 个月内重新招用人员的，应当通知被裁减的人员，并在同等条件下优先招用被裁减的人员。

（二）用人单位不能随意解除劳动合同

根据《劳动合同法》第四十二条规定，劳动者有下列情形之一的，用人单位不得依照本法第四十条、第四十一条解除劳动合同：

（1）从事接触职业危害作业的劳动者未进行离岗前职业健康检查，或者疑似职业病病人在诊断或者医学观察期间的；

（2）在本单位患职业病或者因工负伤并确认丧失或部分丧失劳动能力的；

（3）患病者非因工负伤，在规定的医疗期内的；

 案例

高某 2002 年 7 月大学毕业，同年 9 月进入某外商投资企业工作。2005 年 12 月 20 日起病休，其中 2005 年 12 月休 11 天，2006 年 1 月休 31 天，5 月休 9 天，6 月休 30 天，7 月休 31 天。2006 年 8 月 1 日，高某前往公司上班，并找人事部门要求对其从 2006 年 5 月 23 日以来的住院费按规定予以报销。结果，其收到公司以高某医疗期超过 3 个月为由解除其劳动合同。

案例评析

医疗期是企业职工因病或非因工负伤停止工作治病休息不得解除劳动合同的时限。根据有关规定，企业职工因患病或非因工负伤，需要停止工作治疗时，根据本人实际参加工作年限和在本单位工作年限，给予 3 个月到 24 个月的医疗期。医疗期计算应从病休的第一天开始，累计计算。病休期间，公休、假日和法定节日包括在内。具体为：医疗期 3 个月的按 6 个月内累计病休时间计算；9 个月的按 15 个月内累计病休时间计算；12 个月的按18 个月内累计病休时间计算；18 个月的按 24 个月内累计病休时间计算；24 个月的按 30 个月内病休累计时间计算。由此可见，高某的医疗期应当为 3 个月，其从 2005 年 12 月 20 日开始计算的医疗期应当在 2005 年 12 月 20 日到 2006 年 6 月 20 日这一期间累计计算，结果为 71 天。从 2006 年 6 月 21 日起，高某的医疗期应当重新计算。故根据《劳动法》的规定，该企业尚不能与高某解除劳动合同。至于高某在医疗期间的医疗待遇应当按相关医疗保险政策执行。

（4）女职工在孕期、产期、哺乳期内的；

小方在某纺织厂打工已经 2 年多了，签了劳动合同。但最近她发现自己怀孕了。厂方以她不能像以前那样干活而提出解除劳动合同，让她回家。

案例评析

《劳动法》明确规定，女职工在孕期、产期、哺乳期内的，用人单位不能解除其劳动合同。该厂以小方怀孕不能像以前那样干活为理由，解除劳动合同是违反《劳动法》规定的。该厂不仅应当按照劳动合同继续履行义务，还应赔偿因违法解除劳动合同给小方造成的损失。

（5）在本单位连续工作满 15 年，且距法定退休年龄不足五年的；

（6）法律、行政法规规定的其他情形。

《劳动法》及《违反〈劳动法〉有关劳动合同规定的赔偿办法》（劳部发 [1995] 223 号）规定，用人单位不得随意解除劳动合同。用人单位违法解除劳动合同的，由劳动保障行政部门责令改正；对劳动者造成损害的，应当承担赔偿责任。

（三）劳动者本人向用人单位提出解除劳动合同的情况

《劳动法》规定，劳动者可以和用人单位协商解除劳动合同，也可以在符合法律规定的情况下单方面解除劳动合同。

劳动者解除劳动合同，应当提前 30 天以书面形式通知用人单位。这是劳动者解除劳动合同的条件和程序。也就是说，劳动者在劳动合同期内不能不辞而别。劳动者提前 30 天以书面形式通知用人单位解除劳动合同，无须征得用人单位的同意，用人单位应及时办理有关解除劳动合同的手续。但由于劳动者违反劳动合同的有关约定而给用人单位造成经济损失的，劳动者应赔偿用人单位的下列损失：

（1）用人单位招收录用其所支付的费用；

（2）用人单位为其支付的培训费用，双方另有约定的按约定办理；

（3）对生产、经营和工作造成的直接经济损失；

（4）劳动合同约定的其他赔偿费用，应依据有关规定和劳动合同的约定，由劳动者承担赔偿责任。

但是，有以下情况时，务工者不需要提前通知用人单位，就可以随时解除劳动合同：

（1）在试用期内务工者享有考察用人单位的权利，可以随时解除劳动合同；

（2）用人单位用暴力威胁或者用非法限制人身自由的手段强迫劳动的。劳动合同应该在平等、自愿的基础上签订，劳动过程也应当是平等自愿的，务工者有权反对强迫劳动；

（3）用人单位没有按照劳动合同约定的支付劳动报酬或者提供劳动条件的。务工者享有取得劳动报酬的权利，在工作过程中也应该有必要的劳动条件，如果用人单位无法提供基本的劳动条件，务工者可以随时通知用人单位解除劳动合同。

王某于 2006 年 8 月 20 日与一私营企业签订劳动合同，合同约定："合同期限为 2 年，试用期 6 个月；试用期满，按考核成绩确定是否转正和工作岗位。如果在合同期间王某提出辞职，则王某要一次性支付违约金500元。"合同签订后，公司对王某在内的同批新聘员工进行为期一个月的培训。在培训期间，王某发现该公司的实际情况与相关资料介绍的出入较大，便心生去意，于是在2006年9月21日向公司提出辞职。该公司立即同意了王某的辞职要求，但要求王某承担培训费2000元，招聘费200元，招聘摊位费600元，违约金500元。

案例评析

试用期是用人单位和劳动者为相互了解、选择而约定的不超过6个月的考察期。《劳动合同法》第三十七条规定，劳动者在试用期内提前3日通知用人单位，可以解除劳动合同。如果劳动者因此提出辞职的，无需承担违约责任。那么，在试用期内提出辞职是否需要承担赔偿责任呢？根据有关规定：用人单位出资对职工进行各类技术培训，职工提出与用人单位解除劳动关系的，如果在试用期内，则用人单位不得要求劳动者支付该项培训费；如果是由用人单位出资招用的职工，职工在合同期限内（包括试用期）解除与用人单位的劳动合同，则该用人单位可按照规定向职工索赔。故本案中的王某只需赔偿用人单位200元的招聘费。

（四）解除劳动合同的经济补偿金

根据《劳动法》及《违反和解除劳动合同的经济补偿办法》（劳部发〔1994〕481号）的规定，在下列情况下，用人单位解除与劳动者的劳动合同，应当根据劳动者在本单位的工作年限，每满一年发给相当于一个月工资的经济补偿金：

（1）经劳动合同当事人协商一致，由用人单位解除劳动合同的；

（2）劳动者不能胜任工作，经过培训或者调整工作岗位仍不能胜任工作，由用人单位解除劳动合同的；

以上两种情况下支付经济补偿金，最多不超过 12 个月。

（3）劳动合同订立时所依据的客观情况发生了重大变化，致使原劳动合同无法履行，经当事人协商不能就变更劳动合同达成协议，由用人单位解除劳动合同的；

（4）用人单位濒临破产进行法定整顿期间或者生产经营状况发生严重困难，必须裁减人员，由用人单位解除劳动合同的；

（5）劳动者患病或者非因工负伤，经劳动鉴定委员会确认不能从事原工作，也不能从事用人单位另行安排的工作而解除劳动合同的；在这类情况下，同时应发给不低于 6 个月工资的医疗补助费。劳动者患重病或者绝症的还应增加医疗补助费，患重病的增加部分不低于医疗补助费的 50%，患绝症的增加部分不低于医疗补助费的 100%。

案 例

吴先生在一家 IT 公司做业务员。2007 年 11 月，他和公司协商解除了劳动合同。同他一样差不多一起进公司的赵先生也是在这个期间与公司协商解除了劳动合同。但是吴先生听说赵先生和公司解除劳动合同以后还拿到了 10000 元的经济补偿金。吴先生找到公司经理，提出了疑问，要求也要给自己经济补偿金。但公司经理却拒绝了他的要求，说："你在协商解除劳动合同的时候没有提出经济补偿的要求，我们双方是协商解除劳动合同，谁也没有违约，不存在经济补偿的问题，当然没有你的经济补偿金。而赵先生在协商解除劳动合同的时候提出了经济补偿金的要求，所以就给他了。"吴先生很生气。那么吴先生应该得到经济补偿金吗？其公司是不是违法了？

案例评析

根据《劳动合同法》第四十六条第二项规定，用人单位依照本法第三十六条规定向劳动者提出解除劳动合同并与劳动者协商一致解除劳动合同的，用人单位应当向劳动者支付经济补偿。

因此，吴先生与该公司协商解除劳动合同时，无论吴先生是否提出经济补偿金的要求，公司都应当向吴先生支付经济补偿金。

经济补偿金的工资计算标准是指企业正常生产情况下劳动者解除合同前 12 个月的月平均工资。用人单位解除劳动合同时，劳动者的月平均工资低于企业月平均工资的，按企业月平均工资的标准支付。所以，公司向吴先生支付经济补偿金的标准要参考员工的月平均工资的标准。

另外，用人单位解除劳动者劳动合同后，未按以上规定给予劳动者经济补偿的，除必须全额发给经济补偿金外，还须按欠发经济补偿金数额的 50％ 支付额外经济补偿金。

经济补偿金应当一次性发给。劳动者在本单位工作时间不满一年的按一年的标准计算。计算经济补偿金的工资标准是企业正常生产情况下，劳动者解除合同前 12 个月的月平均工资；在以上第（3）、（4）、（5）类情况下，给予经济补偿金的劳动者月平均工资低于企业月平均工资的，应按企业月平均工资支付。

三、违反劳动合同的后果

劳动合同一旦依法签订就具有法律约束力，劳动者与用人单位都必须履行劳动合同规定的义务，如果违反了合同的约定，就要承担法律责任。

（一）劳动者违反劳动合同

劳动者违反劳动合同的约定，如果没有给用人单位造成损失，则无需承担赔偿责任。但如果给用人单位造成了经济损失，应对以下损失进行赔偿：

（1）用人单位招收录用劳动者时所支付的费用；

（2）用人单位为劳动者支付的培训费用；

（3）对生产、经营和工作造成的直接经济损失；

（4）劳动合同明确约定的其他赔偿费用。

 案例

王某原为某公司技术人员，公司 2005 年曾派王某出国培训半年，事先签订了培训协议，约定培训后王某应为公司工作 3 年，如违约赔偿公司培训费 3 万元。2006 年王某以书面形式提前 30 日通知公司解除劳动合同，公司同意解除劳动合同，但要求王某按培训协议赔偿公司培训费，王某拒绝赔偿，公司向劳动争议仲裁委员会申请仲裁。劳动争议仲裁委员会裁决培训协议有效，王某应赔偿公司培训费。王某对裁决不服起诉，一审法院判决培训协议无效。公司对一审判决不服上诉至二审法院，二审法院意见与劳动争议仲裁委员会相同，判决王某赔偿公司培训费。

案例评析

劳动合同的违约责任与违反《劳动法》的法律责任是两个不同的概念。劳动合同违约责任条款作为劳动合同的必备条款之一，是劳动者与用人单位自行协商的结果，只要其内容没有违反法律、行政法规就是合法有效的。由于劳动者违反劳动合同有关约定而给用人单位造成经济损失的，应根据有关法律、法规、规章的规定和劳动合同的约定，由劳动者承担赔偿责任。此案应按照有关法律、法规及上述文件的规定办理。

（二）用人单位违反劳动合同

《关于违反（劳动法）有关劳动合同规定的赔偿办法》第二条规定，如果用人单位有下列情形之一，应对给劳动者造成的损失进行赔偿：

（1）用人单位故意拖延不订立劳动合同，即招用后故意不按规定订立劳动合同或者劳动合同到期后故意不及时续订劳动合同的；

由于用人单位故意拖延不订立劳动合同，对劳动者造成损失的，应赔偿劳动者损失。具体赔偿标准如下：①造成劳动者工资收入损失的，按劳动者本人应得工资收入支付给劳动者，并加付应得工资收入 25% 的赔偿费用；②造成劳动者劳动保护待遇损失的，应按国家规定补足劳动者的劳动保护津贴和用品；③造成劳动者工伤、医疗待遇损失的，除按国家规定为劳动者提供工伤、医疗待遇外，还应支付劳动者相当于医疗费用 25% 的赔偿费用；④造成女职工和未成年工身体健康损害的，除按国家规定提供治疗期间的医疗待遇外，还应支付相当于其医疗费用 25% 的赔偿费用。

（2）由于用人单位的原因订立无效劳动合同，或订立部分无效劳动合同的；

如果是因为用人单位的原因签订了无效劳动合同，并且对务工者的工资收入造成损失的，应当承担赔偿责任。具体包括：①造成劳动者工资收入损失的，按劳动者本人应得工资收入支付给劳动者，并加付应得工资收入 25% 的赔偿费用；②造成劳动者劳动保护待遇损失的，应按国家规定补足劳动者的劳动保护津贴和用品；③造成劳动者工伤、医疗待遇损失的，除按国家规定为劳动者提供工伤、医疗待遇外，还应支付劳动者相当于医疗费用 25% 的赔偿费用；④造成女职工和未成年工身体健康损害的，除按国家规定提供治疗期间的医疗待遇外，还应支付相当于其医疗费用 25% 的赔偿费用；⑤劳动合同约定的其他赔偿费用。

（3）用人单位违反规定或劳动合同的约定，侵害了女职工或未成年工合法权益的；

（4）用人单位违反规定或劳动合同的约定而解除劳动合同的；

如果有单位招用了与别的单位未解除劳动合同的劳动者，也属于违反劳动合同规定的情况，如果劳动者给原用人单位造成损失的，要承担连带赔偿责任。

（5）克扣或无故拖欠工资，除全额支付工资外，还必须加发相当于工资报酬25%的经济补偿金；

（6）低于当地最低工资标准支付工资的，除补足低于最低工资标准的部分，还要支付相当于低于部分 1～5 倍的赔偿金；

（7）解除劳动合同后依法应付给劳动者经济补偿金而未给的，除全额支付经济补偿金之外，还必须按该经济补偿金数额的50%支付额外经济补偿金。

四、维护自己合法权益

进城务工者在城市里难免会被用人单位侵害其合法权益，如不签订劳动合同、拖欠克扣工资、不缴纳社会保险费、随意解除劳动合同、超时加班等。当这些情况发生时，是忍声吞气、躲避退让，还是勇敢地运用法律武器来维护自己的合法权益？显然，所有进城务工者都应该理直气壮地维护自己的合法权益。

（一）维权须知

1. 劳动者在平时的工作中应注意保留有关证据

劳动者通过劳动保障监察、劳动争议仲裁、行政复议等法律途径维护自身合法权益，或者申请工伤认定、职业病诊断与鉴定等，都需要提供证明自己主张或案件事实的证据。如果劳动者不能提供有关证据，可能会影响自身权益。因此，劳动者在平时的工作中，应该注意保留有关证据。主要的证据包括：①来源于用人单位的证据，如与用人单位签订的劳动合同或者与用人单位存在事实劳动关系的证明材料、工资单、用人单位签订劳动合同时收取押金等的收条、用人单位解除或终止劳动关系通知书、出勤记录等；②来源于其他主体的证据，如职业中介机构的收费单据；③来源于有关社会机构的证据，如发生工伤或职业病后的医疗诊断证明或者职业病诊断证明书、职业病诊断鉴定书、向劳动保障行政部门寄出举报材料等的邮局回执；④来源于劳动保障部门的证据，如劳动保障部门告知投诉受理结果或查处结果的通知书等。

2. 劳动者通过法律途径维护自身权益一定要注意不能超过法律规定的时限

劳动者通过劳动争议仲裁、行政复议等法律途径维护自身合法权益，或者申请工伤认定、职业病诊断与鉴定等，一定要注意在法定的时限内提出申请。如果超过了法定时限，有关申请可能不会被受理，致使自身权益难以得到保护。

3. 与用人单位存在事实劳动关系的劳动者也依法享有劳动保障权利

事实劳动关系，指的是用人单位招用劳动者后不按规定订立劳动合同，或者用人单位与劳动者以前签订过劳动合同，但是劳动合同到期后用人单位同意劳动者继续在本单位工作却没有与其及时续订劳动合同。

存在事实劳动关系的劳动者在劳动保障权益受到用人单位侵害时，同签订劳动合同的劳动者一样，可以通过劳动保障监察、劳动争议仲裁、向人民法院起诉等途径，依法维护自身合法权益。

对用人单位故意拖延不订立劳动合同造成事实劳动关系的，由劳动保障行政部门责令改正，逾期不改的，应给予通报批评。用人单位解除与劳动者的劳动关系并拒不支付经济补偿金的，劳动保障行政部门应责令支付劳动者的经济补偿，并可责令按相当于支付劳动者经济补偿总和的 1~5 倍支付劳动者赔偿金。对劳动者造成损害的，应当承担赔偿责任。

4. 劳动者应该坚决要求用人单位签订劳动合同

如果劳动者与用人单位之间没有签订劳动合同，劳动者的权益有可能难以得到全面保护。一是由于双方没有签订劳动合同，劳动者必须通过其他途径证明其与用人单位之间存在劳动关系，如果劳动者不能证明其与用人单位之间存在劳动关系，则其各种劳动保障权益将难以得到保护。二是如果劳动者与用人单位没有签订劳动合同，则劳动者难以证明双方有关工资等事项的一些口头约定，致使这些双方口头约定的劳动保障权益难以得到保护。所以，劳动者应当坚决要求用人单位签订劳动合同。

（二）劳动保障监察

劳动保障监察是指由劳动保障行政主管部门对单位和劳动者遵守劳动保障法律、法规、规章情况进行检查并对违法行为予以行政处罚的具体行政行动。

根据有关规定，进城务工者在下列情况下，可以向劳动保障监察机构投诉、举报：

（1）用人单位违反录用和招聘职工规定的，如招用童工、与劳动者订立劳动合同时，向劳动者收取抵押金、抵押物等；

（2）用人单位违反有关劳动合同规定的，如拒不签订劳动合同，违法解除劳动合同，解除劳动合同后不按国家规定支付经济补偿金等；

（3）用人单位违反女职工和未成年工特殊劳动保护规定的，如安排女职工和未成年工从事国家规定的禁忌劳动，未对未成年工进行健康检查等；

（4）用人单位违反工作时间和休息、休假规定的，如超时加班加点、强迫加班加点等；

（5）用人单位违反工资支付规定的，如克扣或无故拖欠工资，拒不支付加班加点工资，拒不遵守最低工资保障制度规定等；

（6）用人单位制定的劳动规章制度违反法律、法规规定的，如用人单位规章制度规定农民工不参加工伤保险，工伤责任由农民工自负等；

（7）用人单位违反社会保险规定的，如不依法为农民工参加社会保险和缴纳社会保险费，不依法支付工伤保险待遇等；

（8）无营业执照或在已被依法吊销营业执照的单位和个人，有劳动用工行为的；

（9）职业中介机构违反职业中介有关规定的，如提供虚假信息、超标准收费等；

（10）从事劳动能力鉴定的机构违反劳动能力鉴定规定的，如提供虚假鉴定意见、提供虚假诊断证明等；

（11）法律、法规、规章规定的劳动保障监察机构应当受理的其他事项。

如何向劳动保障监察机构举报呢？劳动者可以直接到劳动保障监察机构举报用人单位的违法行为，也可以采取电话举报、信函举报等形式。投诉时必须递交投诉书，在投诉书中注明投诉人的姓名、性别、年龄、职业、工作单位、住所和联系方式，被投诉用人单位的名称、办公场所、法定代表人或主要负责人的姓名、职务以及合法劳动权益受到侵害的事实和投诉请求等事项。书写投诉文书确有困难的，可以口头投诉，由劳动监察机构进行笔录，并由投诉人签字。

劳动保障监察机构在 7 日内立案受理。不符合规定受理范围的举报，劳动保障监察机构应当告知投诉人向有处理权的部门反映。投诉人有权要求告知举报的受理和查处结果。

劳动保障监察机构和监察员有义务保护举报人。投诉人向劳动保障监察机构举报用人单位的违法行为，劳动保障监察机构应为投诉人保密。

（三）劳动争议及申请调解

劳动争议是指劳动关系当事人之间因劳动权利和义务而发生的争议。这种争议的双方当事人，一方是企业（机关、事业单位、社会团体）、行政方面或个体工商户，另一方是职工（个人或集体）。下列争议属于劳动争议：

（1）因开除、除名、辞退职工和职工辞职、自动离职发生的争议；

（2）因执行国家有关工资、社会保险和福利、培训、劳动保护的规定而发生的争议；

（3）因履行、解除、终止劳动合同发生的争议；

（4）法律、法规规定的应按照《企业劳动争议处理条例》处理的其他劳动争议。

当事人申请劳动争议调解，应当在知道自己的权利被侵害之日起的 30 天内，以口头或书面方式向调解委员会提出申请，并填写《劳动争议调解申请书》。

现行的处理劳动争议的机构包括劳动争议调解委员会、劳动争议仲裁委员会和人民法院。

根据《劳动法》和《中华人民共和国企业劳动争议处理条例》的规定，劳动者与用人单位发生劳动争议后，可按照以下几个程序解决：

（1）双方自行协商解决。当事人在自愿的基础上进行协商，达成协议；

（2）调解程序。不愿双方自行协商或达不成协议的，双方可自愿申请企业调解委员会调解，对调解达成的协议自觉履行。调解不成的可申请仲裁。当事人也可直接申请仲裁；

（3）仲裁程序。当事人一方或双方都可以向仲裁委员会申请仲裁。仲裁庭应当先行调解，调解不成的，作出裁决。一方当事人不履行生效的仲裁调解书或裁决书的，另一方当事人可以申请人民法院强制执行。该程序是人民法院处理劳动争议的前置程序，也就是说，人民法院不直接受理没有经过仲裁程序的劳动争议案件；

（4）法院审判程序。当事人对仲裁裁决不服的，可以自收到仲裁裁决书之日起 15 日内将对方当事人作为被告向人民法院提起诉讼。人民法院按照民事诉讼程序进行审理，实行两审终审制。法院审判程序是劳动争议处理的最终程序。

案例

陈某是某高新技术企业员工，2002 年 12 月因合同期满，与该公司终止劳动合同。但在工资结算时，对 12 月加班工资的结算发生了争议，于是他向劳动仲裁委员会提出仲裁申请，但在案件审理过程中，由于无法提供加班证据，可能承担败诉结果。陈某想向当地劳动监察部门举报。申请仲裁的同时还可以向劳动监察部门举报吗？

案例评析

任何组织和个人对违反劳动法律、法规和规章的行为者有权检举和控告。《劳动法》规定了劳动者享有的权利，其中有提请劳动争议处理的权利和法律规定的其他劳动权利。法律规定的其他劳动权利是指"劳动者依法享有参加和组织工会的权利，参加劳动职工民主管理的权利……对违反劳动法的行为进行监督的权利"。由此可见，劳动者既可以申请劳动争议仲裁，也可以进行监察举报。这也就是说，在提请仲裁的同时，劳动者还有权向劳动监察部门举报。

（四）劳动仲裁和向法院起诉

根据有关规定，劳动者与用人单位发生下列劳动争议，可以向劳动争议仲裁委员会提出仲裁申请：

（1）因企业开除、除名、辞退职工和职工辞职、自动离职发生的争议；

（2）因执行有关工资、保险、福利、培训、劳动保护的规定发生的争议；

（3）因履行、解除、终止劳动合同发生的争议；

（4）因认定无效劳动合同、特定条件下订立劳动合同发生的争议；

（5）因职工流动发生的争议；

（6）因用人单位裁减人员发生的争议；

（7）因经济补偿和赔偿发生的争议；

（8）因履行集体合同发生的争议；

（9）因用人单位录用职工非法收费发生的争议；

（10）法律、法规规定应当受理的其他劳动争议。

劳动争议当事人申请仲裁时应同时具备这些条件：

（1）必须是劳动争议关系的当事人，即形成劳动关系的用人单位与职工；

（2）有明确的被申诉人和事实理由及仲裁请求；

（3）符合《劳动法》第八十二条规定的申请仲裁时效（当事人因不可抗力或有其他正当理由超过时效不受此限）；

（4）属于受理申请的劳动争议仲裁机构的管辖范围。

当事人申请仲裁，首先应当在规定的时限内进行，即应当在劳动争议发生之日起 60 日内向仲裁委员会申请仲裁。第二，应当以书面形式向仲裁委员会提交申诉书，并按被诉人数提交副本。申诉书应当载明下列事项：

（1）职工当事人的姓名、职业、住址和工作单位；企业的名称、地址和法定代表人的姓名、职务；

（2）仲裁请求和所根据的事实和理由；

（3）证据、证人的姓名和住址。申诉书内容不完整的，当事人可在仲裁委员会指导下进行补正，并按规定时间提交。第三,当事人申请仲裁，应当向有管辖权的仲裁委员会提出申请。

案例

李某于 2004 年 1 月与其丈夫魏某一起被玻璃厂招为劳动合同制工人，合同期为 5 年。2006 年魏某下海经商未经玻璃厂同意就辞职了，玻璃厂责成李某劝其夫回厂履行合同，然而魏某一直未回厂工作。2007 年 1 月玻璃厂通知李某，因其丈夫魏某违反劳动合同李某不予劝阻，故将李某辞退。李某认为玻璃厂开除辞退、处罚魏某都可以，但搞株连辞退她是错误的，写了一张申辩书交给了厂长张某后，就回家等候厂里答复，时隔半年厂里未予答复。李某忙完了农活来找厂里，厂长张某讲，你早被辞退已不是我厂职工，我们管不着。2007 年 7 月李某向市劳动仲裁委员会提出申请，请求仲裁。

仲裁委员会经过调查核实，李某所述情况属实，玻璃厂的做法是不妥的，但是，由于李某在玻璃厂辞退她半年以后才来申请仲裁，已超过了法定的申诉期，所以不能受理予以仲裁，建议李某向有关部门反映解决这一问题。

案例评析

从本案事实来看，玻璃厂的做法是错误的，李某的丈夫魏某违反劳动合同，应当追究魏某的责任，不应当株连李某。玻璃厂因此辞退李某是错误的、违法的，应当撤销辞退的决定，继续履行与李某签订的劳动合同。李某向仲裁委员会申请仲裁肯定应当是胜诉的，然而仅仅因李某延误了仲裁申诉期，而使她失去了胜诉的机会。《劳动法》第八十二条规定，提出仲裁要求的一方应当自劳动争议发生之日起60日内向劳动争议仲裁委员会提出书面申请。超过上述期限仲裁委员会不予受理。若有不可抗力或其他正当理由的，仲裁委员会应当受理。李某显然没有什么正当理由，而是由于自己的过失造成申诉时效的延误，故只能由本人承担责任。此案说明，当事人若不及时行使自己的权利，视为其自动放弃这一申请仲裁权利。

劳动者申请劳动仲裁需要缴纳一定费用，仲裁费用包括仲裁受理费和处理费两部分。仲裁受理费的标准是3人以下收费20元，4~9人收费30元，10人以上的集体劳动争议案件收费50元。受理费由申诉人在收到仲裁委员会的受理通知书后5日内预付。处理费尚无明确的标准，按照规定，应包括差旅费、勘验费、鉴定费、证人误工误餐费、文书表册印制费等。处理费由双方当事人预付，申诉人在收到案件受理通知书后5日内预付；被诉人在收到申诉书副本后5日内预付。

仲裁委员会应在收到仲裁申请的60日内作出仲裁裁决。由于案件情况复杂，在60日内不能结案，需要延期的，经报仲裁委员会批准，可以适当延期，但是延长的期限不得超过 30 日。

当事人对劳动仲裁不服的，自收到仲裁裁决书之日起 15 日内，可以向仲裁委员会所在地的同级人民法院起诉。对经过仲裁裁决，当事人向人民法院起诉的案件，符合起诉条件的，人民法院必须受理。当事人向人民法院提起劳动争议诉讼，必须符合以下条件：

（1）起诉人必须是劳动争议的直接利害关系人，即是劳动关系的当事人；

（2）该劳动争议案件已经仲裁委员会仲裁，当事人对仲裁裁决不服的；

（3）必须有明确的被告、具体的诉讼请求和事实依据；

（4）应当在法定期限内提出，即当事人对仲裁裁决不服的，应当在收到裁决书之日起 15 日内向人民法院提起诉讼；

（5）属于人民法院受理民事诉讼的范围和受诉人民法院管辖。

思考与问答

1. 为什么要签订劳动合同？
2. 劳动合同包括哪些内容？
3. 劳动合同解除的条件是什么？
4. 劳动者违反劳动合同的后果是什么？
5. 维护自己的合法权益的合法路径是什么？
6. 如何向劳动监察机构举报？
7. 劳动争议的申请调解程序是什么？

第四单元　工资待遇

进城务工者最主要的目的就是挣钱，收入待遇也就成了他们最关心的话题之一。本单元重点对进城务工人员就工资构成、工作时间以及工资支付的形式和时间等进行培训。

一、工资与工时

（一）工资报酬

工资是指用人单位依据国家有关规定或劳动合同的约定，以货币形式直接支付给劳动者的劳动报酬，一般包括计时工资、计件工资、奖金、津贴和补贴、延长工作时间的工资以及特殊情况下支付的工资等。

工资是劳动收入的主要组成部分，但不是所有的劳动收入都属于工资的范围。以下的劳动收入就不属于工资的范围：

（1）用人单位支付的社会保险福利费用，如病伤假期救济费、生活困难补助费等；

（2）劳动保护方面的费用，如用人单位支付的工作服、解毒剂、清凉饮料费用等；

（3）按规定未列入单位工资总额的各种劳动报酬及其他劳动收入，如国家规定发放的创造发明奖、中华技能大奖等。

案例

杨某应聘某制造企业操作工，该企业提供给杨某的待遇是"包吃、包住，每月500元，其余概不负责"。杨某认为该工资低于当地最低工资，要求该企业提升工资。该企业负责人告诉杨

某，在这儿吃、住每月最低也还需要300元左右，两者相加肯定超过当地的最低工资标准。

案例评析

　　企业确定的工资标准，不得低于当地人民政府确定的最低工资标准。最低工资中不包括：①加班加点工资；②中班、夜班、高温、低温、井下、有毒有害等特殊工作环境条件下的津贴；③丧葬抚恤救济费、生活困难补助费、计划生育补贴等国家规定支付给劳动者个人的社会保险和福利待遇；④用人单位通过贴补伙食、住房等支付给劳动者的非货币性收入。最低工资应以法定货币按时支付。而当时该地区企业最低工资标准调整为每人每月620元。由此可以看出，本案中的企业以包吃包住为由，企图把为杨某提供的伙食、住房这种非货币性收入包括在最低工资标准里的做法是违法的。

（二）工作时间

我国目前的工时规定主要由三方面组成：

（1）劳动者每日工作不超过 8 小时、每周工作不超过 40 小时。企业因生产特点不能实行以上工时制度的，经劳动保障行政部门批准，可以实行综合计算工时工作制或不定时工作制；

（2）综合计算工时工作制采用的是以周、月、季、年等为周期综合计算工作时间的一种工时制度。在综合计算工作时间周期内，平均日工作时间和平均周工作时间应与法定标准工作时间基本相同，超出部分视为延长工作时间并要按《劳动法》规定支付加班报酬；

（3）不定时工作制是指每一工作日没有固定的上下班时间限制的工作时间制度。经批准实行不定时工作制的用人单位，应采用弹性工作时间等适当的工作和休息方式，确保职工的休息休假权利和生产、工作任务的完成。

 案　例

某制造企业生产季节性较强，经当地劳动保障行政部门批准，该企业实行以季为周期的综合工时制，核定员工每季度总工作时间为 502.08 小时。企业根据综合工时制的批复，要求员工第二季度的 4 月和 5 月连续生产，6 月份整月休息。然而，2003 年上半年因订单比往年多，该企业员工连续 4 个月没有休息。该企业员工王某以工作时间总数为 1200 小时，于 7 月提出集中休息一周，结果该企业劳资部门答复是，公司订单较多，在生产任务没有完成前，任何员工不得休息，因为公司实行的是综合工时制。

案例评析

对于实行综合计算工时工作制的职工，企业应根据有关规定，在保障职工身体健康并充分听取职工意见的基础上，采用集中工作、集中休息、轮休调休、弹性工作时间等适当方式，确保职工的休息休假权利和生产、工作任务的完成。本案中该企业劳资部门的说法是错误的。该企业经劳动保障行政部门批准以季为周期综合计算工时。该企业因生产任务需要，经工会和劳动者同意，安排劳动者在该季度的第一、二月份刚好完成了 502.08 小时的工作，然后安排第三个月整月休息。该企业这样的规定应视为是合法的，超过核定的总工时数应当视为延长工作时间。但对于这种打破常规的工作时间安排，一定要取得工会和劳动者的同意，并且注意劳逸结合，切实保障劳动者的身体健康。

加班加点，也称延长劳动时间，是指用人单位经过一定程序，要求劳动者超过法律、法规规定的最高限制的日工作时数和周工作天数而工作。一般分为正常情况下加班加点和非正常情况下加班加点两种形式。

正常情况下加班加点，按照《劳动法》的规定，需具备以下三个条件：①由于生产经营需要；②必须与工会协商；③必须与劳动者协商。正常情况下加班加点，一般每日不得超过 1 小时，因特殊原因需要延长工作时间的，在保障劳动者身体健康的条件下延长工作时间每日不得超过 3 小时，但是每月不得超过36 小时。如果超过这一限度，就是违法行为，应当承担相应的法律责任。

非正常情况下加班加点，是指依据《劳动法》第四十二条的规定，当出现可能危害国家、集体和人民生命财产安全的紧急事件时，用人单位可以直接决定延长工作时间，延长工作时间的长短根据需要而定，不受限制，并且不需要和工会及务工者协商。

另外，有关法律明文禁止安排怀孕 7 个月以上和在哺乳未满1 周岁的婴儿期间的女职工加班加点和夜班劳动。

用人单位安排劳动者在休息日加班的，应安排补休；不能安排补休的，应依法支付加班工资。安排劳动者加点或在法定节日加班的，应依法支付加班加点工资。

（三）工资支付中的注意事项

（1）用人单位应该按时足额支付工资。

（2）用人单位不得克扣劳动者工资。

如有用人单位克扣劳动者工资的，由劳动保障行政部门责令支付劳动者的工资报酬，并加发相当于工资报酬 25% 的经济补偿金，并可责令用人单位按相当于支付劳动者工资报酬、经济补偿总和的 1~5 倍支付劳动者赔偿金。

（3）用人单位不得无故拖欠劳动者工资。

用人单位无故拖欠劳动者工资的，由劳动保障行政部门责令支付劳动者的工资报酬，并加发相当于工资报酬 25% 的经济补偿金，并可责令用人单位按相当于支付劳动者工资报酬、经济补偿总和的 1~5 倍支付劳动者赔偿金。

（4）在劳动者提供正常劳动的情况下，用人单位支付的工资不得低于当地最低工资标准。

《劳动法》第四十八条规定，国家实行最低工资保障制度。

用人单位支付劳动者的工资不得低于当地最低工资标准。务工者可以通过劳动保障部门或者其他途径了解打工所在地的最低工资标准。下面各项一般不作为最低工资的组成部分：加班加点工资；中班、夜班、高温、低温、井下、有毒有害等特殊工作环境和条件下的津贴；国家法律规定和政策规定的福利待遇。

实行计件工资或提成工资等形式的用人单位，在科学合理的劳动定额基础上，其支付劳动者的工资不得低于相应的最低工资标准。

（5）用人单位安排劳动者加班加点应依法支付加班加点工资。

如果用人单位拒不支付加班加点工资的，由劳动保障行政部门责令支付劳动者的工资报酬，并加发相当于工资报酬25%的经济补偿金，并可责令用人单位按相当于支付劳动者工资报酬、经济补偿总和的1~5倍支付劳动者赔偿金。

（6）建筑业企业应依法支付农民工工资。企业应将工资直接发给农民工本人，严禁发放给包工头或其他不具备用工主体资格的组织和个人。

 案例

2005年11月1日，强劲的秋风吹得建筑工地里尘土飞扬，这天正是包工头老宋与建筑分包单位协商算账的最后时限。老宋带着50多名农民工在青年大街上的一个工地砌了两个多月砖。原来约定"每砌100平方米结一回账"，可干了将近两个月，没得到一分钱。

在监察现场，执法人员找到该工程的项目经理协调解决，监察人员反复强调：工资结算后要直接交给农民工本人，绝不能交给"包工头"！

案例评析

为什么拖欠农民工的工资不能交给"包工头"转发呢？根

据 2004 年劳动保障部、建设部联合颁布的《建设领域农民工工资支付管理暂行办法》，建筑业企业必须严格按照规定支付农民工工资，不得拖欠或克扣。为防止"包工头"卷跑农民工工资，在"暂行办法"中明文规定：企业应将工资直接发放给农民工本人，严禁发放给"包工头"或其他不具备用工主体资格的组织和个人。

（四）试用期的工资标准

根据有关规定，劳动者与用人单位形成或建立劳动关系后，试用、熟练、见习期间，在法定工作时间内提供了正常劳动，其所在的用人单位应当支付其不低于最低工资标准的工资。可见，用人单位虽然可以自主确定劳动者试用期内的工资标准，但也只能在不违反劳动法律规范的前提下自主确定。确切地说，也就是用人单位有权在当地最低工资标准以上，自主确定劳动者试用期内的工资标准。

（五）非全日制务工者的小时工资标准

非全日制用工是指以小时计酬、劳动者在同一用人单位平均每日工作时间不超过 5 小时、累计每周工作时间不超过 30 小时的用工形式。用人单位应当按时足额支付非全日制劳动者的工资，具体可以按小时、日、周或月为单位结算。在非全日制劳动者提供正常劳动的情况下，用人单位支付的小时工资不得低于当地小时最低工资标准。

（六）法定节假日和职工病假规定

外出务工者依法享有休假权利。我国法定节假日包括三类。第一类是全体公民放假的节日，包括：元旦（1 月 1 日放假 1 天）、春节（农历除夕、正月初一、初二放假 3 天）、清明节（农历清明当日放假 1 天）、劳动节（5 月 1 日放假 1 天）、端午节（农历端午当日放假 1 天）、中秋节（农历中秋当日放假 1 天）和国庆节（10 月 1 日、2 日、3 日放假 3 天）。第二类是部分公民放假的节日及纪念日，包括：妇女节（3月8日，妇女放假半天）、青年节（5月4日，14周岁以上的青年放假半天）、儿童节（6月1日，不满14周岁的少年儿童放假1天）、中国人民解放军建军纪念日（8月1日，现役军人放假半天）。第三类是少数民族习惯的节日，具体节日由各少数民族聚居地区的地方人民政府，按照各地民族习惯，规定放假日期。

根据《企业职工患病或非因工负伤医疗期规定》，任何企业职工因患病或非因工负伤，需要停止工作医疗时，企业应该根据职工本人实际参加工作年限和在本单位工作年限，给予一定的病假假期。具体标准是：

（1）职工实际工作年限10年以下的，在本单位工作5年以下的为3个月；5年以上的为6个月；

（2）职工实际工作年限在10年以上的，在本单位工作5年以下的为6个月；5年以上10年以下的为9个月；10年以上15年以下的为12个月；15年以上20年以下为18个月；20年以上的为24个月。

此外，外出务工者还依法享有女职工产假、依法参加社会活动请假等权利。

二、加班工资和病假工资

（一）加班工资的计算

用人单位应当按照下列标准支付高于劳动者正常工作时间工资的报酬：

（1）安排劳动者延长工作时间的（即正常工作日加点），支付不低于劳动合同规定的劳动者本人小时工资标准的150%的工资报酬；

（2）休息日（即星期六、星期日或其他休息日）安排劳动者工作又不能安排补休的，支付不低于劳动合同规定的劳动者本人日工资标准的 200% 的工资报酬；

（3）法定休假日（即元旦、春节、国庆节以及其他法定节假日）安排劳动者工作的，支付不低于劳动合同规定的劳动者本人日工资标准的 300% 的工资报酬。

经劳动行政部门批准实行综合计算工时工作制的劳动者，其综合计算工作时间超过法定标准工作时间的部分，应视为延长工作时间，并应按照有关规定支付劳动者延长工作时间的工资。

实行计件工资的劳动者，在完成计件定额任务后，由用人单位安排延长工作时间的，应按上述规定的原则，分别按照不低于其本人法定工作时间计件单价的 150%、200%、300% 支付其工资。

劳动者日工资可统一按劳动者本人的月工资标准除以每月制度工作天数进行折算。职工全年月平均工作天数和工作时间分别为 20.92 天和 167.4 小时，职工的日工资和小时工资按此进行折算。

（二）病假工资的计算

根据国家有关规定，职工患病或非因工负伤停止工作连续医疗期间在 6 个月以内的，企业应该向其支付病假工资；医疗期限超过 6 个月时，病假工资停发，改由企业按月付给疾病或非因工负伤救济费。病假工资的支付标准是：本企业工龄不满 2 年者，为本人工资的 60%；已满 2 年不满 4 年者，为本人工资的 70%；已满 4 年不满 6 年者，为本人工资的 80%；已满 6 年不满 8 年者，为本人工资的 90%；已满 8 年及 8 年以上者，为本人工资的 100%。疾病或非因工负伤救济费的支付标准是：本企业工龄不满 1 年者，为本人工资的 40%；已满 1 年未满 3 年者，为本人工资的 50%；3 年及 3 年以上者，为本人工资的 60%。病假工资或疾病救济费不能低于最低工资标准的 80%。

三、扣除工资的情况

《工资支付暂行规定》规定了用人单位可以代扣劳动者工资的几种具体情况：

（1）依照人民法院的判决，从应负法律责任的劳动者工资中扣除应承担的抚养费、赡养费，但每月扣除的金额不得影响劳动者的基本生活需要；

（2）由于劳动者本人原因，给用人单位造成经济损失，经双方协商同意，用人单位可以从劳动者工资中扣除赔偿金额，但每月扣除部分不得超过月工资的 20%，且剩余部分不得低于当地最低工资标准；

（3）法律规定应由劳动者本人负担的社会保险费用；

（4）法律要求用人单位代扣缴的税金。

四、工资支付的形式和时间

（一）国家对工资支付的形式和时间的规定

在工资支付的形式上，用工单位必须用现金支付，不能用生产的产品或其他实物形式充抵。《劳动法》第五十条规定，工资应当以货币形式按月支付给劳动者本人。不得克扣或者无故拖欠劳动者的工资。劳动者本人因故不能领取工资时，可由其亲属或委托他人代领。用人单位可直接支付工资，也可委托银行代发工资。

另外，用人单位必须书面记录支付劳动者工资的数额、时间、领取者的姓名以及签字，并保存两年以上备查。用人单位在支付工资时应向劳动者提供一份其个人的工资清单。

在工资支付的具体时间上，《工资支付暂行规定》根据不同情况分别作出如下规定：

（1）工资必须在用人单位与劳动者约定的日期支付。如遇节假日或休息日，则应提前在最近的工作日支付。工资至少每月支付一次，实行周、日、小时工资制的可按周、日、小时支付工资；

（2）对完成一次性临时劳动或某项具体工作的劳动者，用人单位应按有关协议或合同规定在其完成劳动任务后即支付工资；

（3）劳动关系双方依法解除或终止劳动合同时，用人单位应在解除或终止劳动合同时一次付清劳动者工资。

（二）对用人单位克扣或者拖欠工资的处理方法

有些用人单位认为农民工怕失去工作不敢投诉，就故意拖欠和克扣农民工工资。这种现象在建筑领域比较突出。农民工发现企业有下列情形之一的，有权向劳动和社会保障行政部门举报：

（1）未按照约定支付工资的；

（2）支付工资低于当地最低工资标准的；

（3）拖欠或克扣工资的；

（4）不支付加班工资的；

（5）侵害工资报酬权益的其他行为。

司法部、建设部发布的《关于为解决建设领域拖欠工程款和农民工工资问题提供法律服务和法律援助的通知》，要求"各地法律援助机构要通过采取各项措施，保障农民工及时获得法律援助"，所以一旦发生建筑企业拖欠农民工工资的问题，也可以找当地法律服务机构寻求法律援助。

案例

某棉纺厂是一家外商独资企业，2004 年开业，2005 年扩大了生产规模，同时招收了 26 名女工。在签订用工协议时，棉纺厂提出试用 3 个月，每月工资 800 元，试用期满后每月工资1000～1400 元。然而在试用期的 3 个月，工厂以这些女工应当交纳保证金为由，没有发给工资。在女工成为正式工后，工厂仍未发给工资，只给了每人 400 元生活费。其理由是企业近来没有资金，由于订单接得不多，流动资金都购买了原料，等过一段时间再补发。为此，26 名女工找到厂长交涉，厂方说要研究一下。结果是厂长去了境外，其他管理人员做不了主。女工们无奈只得向劳动仲裁委员会申诉，请求公正裁决，补发全部拖欠工资，并保证以后按月发工资。

在劳动仲裁委员会的调解下，双方达成了如下调解协议：

（1）棉纺厂在 2006 年 3 月 1 日将拖欠 26 名女工工资发给其本人；

（2）棉纺厂向每位女工赔偿拖欠工资损失费 1600 元；

（3）棉纺厂保证每月 10 日向职工发放工资；

（4）仲裁费由棉纺厂承担。

案例评析

这是一起因企业拖欠职工工资引起的劳动争议案件。用人单位不得克扣或者无故拖欠劳动者工资。如有克扣或者无故拖欠劳动者工资的，以及拒不支付劳动者延长工作时间工资报酬的，除在规定的时间内全额支付劳动者工资报酬外，还要加发相当于工资报酬 25% 的经济补偿金。

思考与问答

1. 国家对工资支付有什么规定？
2. 国家对工作时间的规定是什么？
3. 加班工资和病假工资如何计算？
4. 用人单位可以扣除工资的情况有哪些？
5. 如何处理用人单位克扣或拖欠工资的行为？

第五单元　社会保险

社会保险是国家通过立法的形式，由社会集中建立基金，使劳动者在年老、患病、工伤、失业、生育等情况下能够获得国家和社会补偿与帮助的一种社会保障制度，主要包括五大险种：养老保险、医疗保险、失业保险、工伤保险和女工生育保险。本单元对进城务工人员参加社会保险的情况做了详细讲解。

一、外出务工者有权参加社会保险

社会保险是依法强制实施的，保障所有因故不能获得劳动报酬的劳动者的基本生活，用人单位和个人必须参加，劳动者和用人单位都必须按照规定的费率缴费。社会保险费用一般由国家、单位和个人三方负担，建立社会保险基金，使社会上参加了社会保险的劳动者在基本生活上得到切实的保障。俗话说，天有不测风云，人有旦夕祸福。人的一生，生、老、病、死、伤在所难免。参加了社会保险后，一旦在生产中丧失或暂时丧失劳动能力，失去了生活来源，就可以得到社会保险提供的物质帮助，解决靠个人和家庭难以解决的困难。目前，国家允许和要求进城的务工农民参加社会保险。进城务工者的用人单位应该按规定由单位或单位和个人共同缴纳社会保险费，参加养老、医疗、失业、工伤、生育保险。进城务工的农民按规定可以享受以上社会保险待遇。

案例

李某应聘某公司职员，当其向公司人事部门咨询如何办理基本养老保险时，该公司人事部门告诉他："基本养老保险主要是针对本市城镇职工而言的，如果不是本市户口人员，参加基本养老保险反而要从工资中多扣一部分钱。从长远角度来分析是不划算的，再说到自己退休时，还不知道生活在哪儿。公司基于为员工现实利益考虑，建议你放弃参加基本养老保险。"

案例评析

　　该公司的说法是错误的。用人单位和劳动者必须依法参加社会保险，缴纳社会保险费。而参保人员因工作流动在不同地区参保的，不论户籍在什么地方，其在最后参保地的个人实际缴费年限，与在其他地区工作的实际缴费年限及符合国家规定的视同缴费年限，应合并计算，作为享受基本养老金的条件。参保人员达到法定退休年龄时，其退休手续由其最后参保地的劳动保障部门负责办理，并由最后参保地的社会保险经办机构支付养老保险待遇。由此可知，参加基本养老保险是所有用人单位和劳动者应尽的义务，是不能放弃的，在全国任何一地的实际缴费均视同缴费年限。而且《社会保险费征缴暂行条例》（国务院令第 25 号）规定，缴费单位和缴费个人应当以货币形式全额缴纳社会保险费；缴费个人应当缴纳的社会保险费由所在单位从其本人工资中代扣代缴。社会保险费不得减免。

二、参加社会保险及可享受的待遇

（一）基本养老保险

每个人将来都会面临年老丧失工作能力的情况，仅靠个人和家庭的力量是难以承担的。基本养老保险就是通过其互济功能，保障参保者有个安稳的晚年生活。按养老保险的制度设计，养老保险交费将来要以养老金的形式返还给职工，所以职工参加养老保险是相当值得的。

参加基本养老保险，需要注意以下几点：

（1）我国所有城镇企业及其职工以及城镇个体工商户和他的帮工都应参加基本养老保险。不管在用人单位工作时间的长短，哪怕只工作了一个月，只要提供了劳动，用人单位支付了工资，用人单位就必须为务工者缴纳基本养老保险费；

（2）基本养老保险制度实行社会统筹与个人账户相结合的模式。目前，企业缴费比例为工资总额的 20% 左右，全部用于建立统筹基金，而个人账户全部由个人缴费形成，缴费比例为本人工资的 8%；

（3）参加基本养老保险后，如果符合国家规定的退休条件，参保者从办理退休手续之月起，就可以按月领取基本养老金。基本养老金由基础养老金和个人账户养老金组成，基础养老金由社会统筹基金支付，月基础养老金为职工社会平均工资的 20%；

（4）参加养老保险的农民合同制职工，在与企业终止或解除劳动关系后，由社会保险经办机构保留其养老保险关系，保管其个人账户并计息。凡重新就业的，应接续或转移养老保险关系，前后缴费年限可累计计算；也可按照省级政府的规定，根据农民合同制职工本人申请，将其个人账户个人缴费部分一次性支付给本人，同时终止养老保险关系，凡重新就业的，应重新参加养老保险。农民合同制职工在男年满 60 周岁、女年满 55 周岁时，累计缴费年限满 15 年以上的，可按规定领取基本养老金；累计缴费年限不满 15 年的，其个人账户全部储存额一次性支付给本人；

（5）在基本养老保险缴费的方式上，企业的职工不用自己直接去缴费，而是由企业统一去申报、缴费。由企业分担的保险费由企业统一缴纳，职工个人出的部分，由企业从职工的工资中扣除代交。因此，进城务工者参加养老保险是很方便的，企业应该按国家规定办好。务工者需要注意的，就是督促企业为自己参加养老保险，督促企业按时交费，如果企业不按规定为自己上养老保险，可以到有关部门去投诉。

（二）基本医疗保险

外出打工，最怕的就是有个什么病痛的，特别是大病，将会使全家陷入贫困。基本医疗保险虽然不能满足全部医疗需求，但可保证基本医疗需求。

我国现行的基本医疗保险，主要是针对城镇职工，由用人单位和职工双方共同负担，实行社会统筹和个人账户相结合。现在有一些地方，为进城务工人员设立了专门的医疗保险，其主要特点是费率比较低，只解决进城务工期间大病医疗保障。进城务工人员可以根据当地的具体政策规定，参加医疗保险，用人单位要按规定为其办理参保手续并缴纳医疗保险费。对在城镇从事个体经营等灵活就业的农村进城务工人员，可以按照当地灵活就业人员参保的有关规定以个人身份参保。因此，在已经将农民工纳入医疗保险范围的地区，农民工有权参加医疗保险，用人单位和农民工本人应依法缴纳医疗保险费，农民工患病时，可以按照规定享受有关医疗保险待遇。

参加基本医疗保险，需要了解以下几点：

（1）如果与城镇用人单位订立了劳动合同，建立了劳动关系，就可以和城镇职工一样随用人单位统一参加基本医疗保险。参保期间，发生的医疗费用由社会保险经办机构按规定支付。如果个人账户不够支付时，由个人以现金支付；

（2）基本医疗保险费由用人单位和个人共同缴纳。个人缴费全部划入个人账户，单位缴费的30%左右也划入个人账户，个人账户的本金和利息归个人所有，可以结转使用和继承；

（3）个人账户主要用于支付因病诊疗时需要个人负担的医疗费用，如门诊、急诊的费用，到定点药店买药的费用，统筹基金支付标准以下的费用等。

（三）失业保险

当由于非本人意愿中断了就业，又一时找不到工作时，失业保险会提供帮助。国务院颁布的《失业保险条例》中规定，城镇企业事业单位招用的农民合同制工人与本单位城镇职工一样参加失业保险。不同点在于：

一是按照规定，城镇企事业单位要按照本单位工资总额的2%缴纳失业保险费，单位中的城镇职工要按照本人工资的1%缴纳失业保险费，而单位招用的农民合同制工人本人则不需要缴纳失业保险费；

二是按照规定，城镇职工失业后，对符合条件的按月发放失业保险金，考虑到农民合同制工人多属异地就业、流动性较大等实际情况，有关规定明确，城镇企事业单位招用的农民合同制工人，连续工作满1年，本单位已参保缴费，劳动合同期满未续订或者提前解除劳动合同的，将根据其工作时间长短，对其支付一次性生活补助费。补助的办法和标准由各省、自治区、直辖市人民政府规定。

案 例

贾某，江西人，2004年进入杭州某机械制造厂工作。2006年6月向公司提出辞职。贾某在办理辞职相关手续时，向公司劳资部门询问其失业保险金如何领取。结果，该公司劳资干事告诉贾某，因其是农民工，从来就没有缴纳过失业保险费，所以辞职后也就不存在领失业保险金一说。

案例评析

该公司劳资干事的说法是错误的。失业保险是所有城镇企业事业单位及其职工必须参加的，其目的是为了保障失业人员失业期间的基本生活，促进其再就业。城镇企业事业单位招用农民合同制工人，必须为他们缴纳失业保险费。

（四）工伤保险

工伤保险是指劳动者因工作原因遭受意外伤害或患职业病而造成死亡、暂时或永久丧失劳动能力时，劳动者及其遗属能够从国家、社会得到必要的物质补偿的一种社会保险制度。根据《工伤保险条例》的规定，工伤保险的适用范围包括中国境内各类企业、有雇工的个体工商户以及这些用人单位的全部职工或者雇工。所以，用人单位应该依法参加工伤保险，为本单位包括农民工在内的全体职工缴纳工伤保险费。工伤保险费由企业缴纳，劳动者本人无须缴费。

农民工在参加工伤保险后，受到事故伤害或患职业病后，在参保地进行工伤认定、劳动能力鉴定，并按参保地的规定依法享受工伤保险待遇：治疗工伤所需的挂号费、住院费、医疗费、药费、就医路费全额报销。工伤职工需要住院治疗的，按照当地因公出差伙食补助标准的2/3发给住院伙食补助费，经批准转外地治疗的，所需交通、食宿费用按照本企业职工因公出差标准报销。工伤职工在工伤医疗期内停发工资，改为按月发给工伤津贴。工伤津贴标准相当于工伤职工本人受伤前的 12 个月平均工资收入。

用人单位未参加工伤保险的，农民工受到事故伤害或者患职业病后，在用人单位所在地进行工伤认定、劳动能力鉴定，并按规定依法由用人单位支付工伤保险待遇。

（五）生育保险

生育保险费由企业缴纳，职工个人不缴费。如果进城务工者是女职工，所工作的地区已将进城务工者纳入了生育保险范围，单位也参加了生育保险并缴纳了生育保险费，则该女职工在符合国家计划生育规定生育时，就能享受规定的产假、生育津贴及相应的生育医疗服务等待遇。需要注意几下几点：

（1）产假期间原工资照发，由生育保险基金以生育津贴形式对企业或务工者本人予以补偿；

（2）怀孕后，在规定的医疗、保健机构就诊，因生育或流产所需的符合规定的有关费用由生育保险基金支付；

（3）在产假期间，因生育引起疾病的医疗费，由生育保险基金支付；

（4）因计划生育需要，实施放置（取出）宫内节育器、流产术、引产术、绝育及复通手术的医疗费用，由生育保险基金支付。

案例

凌某是安徽人，2004 年到杭州工作，但其户口一直未能落杭州。2007 年她怀孕，于是向公司请产假并询问如何办理生育保险手续和享受什么样的生育保险待遇。结果，公司负责人告诉她，因为她不是杭州人而不能享受生育保险待遇。事后查明，该公司未按时缴纳生育保险费。

案例评析

生育保险是为维护职工的合法权益，保障女职工生育期间的基本生活和基本医疗保健需要，平衡各企业之间的生育保险费用而由各单位按一定比例缴纳的。根据《杭州市职工生育保险暂行办法》的规定，该办法适用于杭州市行政区域内的各类企业及其职工。所以说，本案中该公司负责人的说法是错误的。至于因该公司未能及时缴纳生育保险费而导致凌某的合法权益受损害的，由该公司承担补偿。

三、工伤认定及享受待遇

（一）工伤认定的标准

《工伤保险条例》第十四条规定，职工有下列情形之一的，应当认定为工伤：

（1）在工作时间和工作场所内，因工伤原因受到事故伤害的；

（2）工作时间前后发生在工作场所内，从事与工作有关的预备性或者收尾性工作受到事故伤害的；

（3）在工作时间和工作场所内，因履行工作职责受到暴力等意外伤害的；

（4）患职业病的；

（5）因工外出期间，由于工作原因受到伤害或者发生事故下落不明的；

（6）在上下班途中，受到机动车事故伤害的；

（7）法律、行政法规规定应当认定为工伤的其他情形。

《工伤保险条例》第十五条规定，职工有下列情形之一的，视同工伤：

（1）在工作时间和工作岗位，突发疾病死亡或者在 48 小时之内经抢救无效死亡的；

（2）在抢救灾害等维护国家利益、公共利益活动中受到伤害的；

（3）职工原在军队服役，因战、因公负伤致残，已取得革命伤残军人证，到用人单位后旧伤复发的。

 案例

蔡某系某软件公司程序工程师，2005年12月20日根据公司的任务指派在编写某电子应用程序时，因突发"高血压脑出血"抢救无效，于2005年12月21日死亡。蔡某家属认为这是工伤，要求公司给付工伤保险待遇。

案例评析

根据《工伤保险条例》的规定，蔡某系工作时间发病，应当视为工伤。

下列情形不得认定为工伤或者视同工伤：
（1）因犯罪或者违反治安管理伤亡的；
（2）醉酒导致伤亡的；
（3）自残或者自杀的。

（二）申请工伤认定

《工伤保险条例》规定，职工发生事故伤害或者按照职业病防治法规定被诊断、鉴定为职业病，所在单位应当自事故伤害发生之日或者被诊断、鉴定为职业病之日起30日内，向统筹地区劳动保障行政部门提出工伤认定申请。遇有特殊情况，经报劳动保障行政部门同意，申请时限可以适当延长。

用人单位未在规定的时限内提交工伤认定申请的，在此期间发生符合规定的工伤待遇等有关费用，由用人单位负担。用人单位未按规定提出工伤认定申请的，工伤职工或者其直系亲属、工会组织在事故伤害发生之日或者被诊断、鉴定为职业病之日起1年内，可以直接向用人单位所在地统筹地区劳动保障行政部门提出工伤认定申请。

提出工伤认定申请应当提供下列材料：①工伤认定申请表

（包括事故发生的时间、地点、原因以及职工伤害程度等基本情况）；②与用人单位存在劳动关系（包括事实劳动关系）的证明材料；③医疗诊断证明或者职业病诊断证明书（或者职业病诊断鉴定书）。工伤认定申请人提供材料不完整的，劳动保障行政部门应当一次性书面告知工伤认定申请人需要补正的全部材料。申请人按照书面告知要求补正材料后，劳动保障行政部门应当受理。

劳动保障行政部门应当自受理工伤认定申请之日起 60 日内作出工伤认定的决定，并书面通知申请工伤认定的职工或者其直系亲属和所在单位。

（三）劳动能力鉴定

《工伤保险条例》规定，职工发生工伤，经治疗伤情相对稳定后存在残疾、影响劳动能力的，应当进行劳动能力鉴定。劳动能力鉴定申请应向所在区的市级劳动能力鉴定委员会提出，并提交工伤认定决定和职工工伤医疗的有关资料。对该鉴定结论不服的，可以在收到鉴定结论之日起 15 日内向省、自治区、直辖市劳动能力鉴定委员会提出再次鉴定申请。省、自治区、直辖市劳动能力鉴定委员会作出的劳动能力鉴定结论为最终结论。

劳动能力鉴定结论作出之日起 1 年后，工伤职工或其直系亲属、其所在单位或者经办机构认为残情发生变化，可以向劳动能力鉴定委员会提出复查鉴定申请，劳动能力鉴定委员会依据国家标准对其进行鉴定，作出劳动能力鉴定结论。

（四）发生工伤致残后可享受的待遇

1. 1~4 级伤残

根据《工伤保险条例》的规定：职工因工致残被鉴定为 1~4 级伤残的，保留劳动关系，退出工作岗位，享受以下待遇：

（1）从工伤保险基金中按伤残等级支付一次性伤残补助金，标准为：1 级伤残为 24 个月的本人工资，2 级伤残为 22 个月的本人工资，3 级伤残为 20 个月的本人工资，4 级伤残为 18 个月的本人工资；

（2）从工伤保险基金中按月支付伤残津贴，标准为：1级伤残为本人工资的90%，2级伤残为本人工资的85%，3级伤残为本人工资的80%，4级伤残为本人工资的75%。伤残津贴实际金额低于当地最低工资标准的，由工伤保险基金补足差额；

（3）工伤职工达到退休年龄并办理退休手续后，停发伤残津贴，享受基本养老保险待遇。基本养老保险待遇低于伤残津贴的，由工伤保险基金补足差额。

职工因工致残被鉴定为1~4级伤残的，由用人单位和职工个人以伤残津贴为基数，缴纳基本医疗保险费。

对跨省流动的农民工，即户籍不在参加工伤保险统筹地区（生产经营地）所在省、自治区、直辖市的农民工，1~4级伤残长期待遇的支付，可试行一次性支付和长期支付两种方式，供农民工选择。在农民工选择一次性或长期支付方式时，支付其工伤保险待遇的社会保险经办机构应向其说明情况。一次性享受工伤保险长期待遇的，需由农民工本人提出，与用人单位解除或者终止劳动关系，与统筹地区社会保险经办机构签订协议，终止工伤保险关系。

2. 5~10级伤残

职工因工致残被鉴定为5级、6级伤残的，享受以下待遇：

（1）从工伤保险基金中按伤残等级支付一次性伤残补助金，标准为：5级伤残为16个月的本人工资，6级伤残为14个月的本人工资；

（2）保留与用人单位的劳动关系，由用人单位安排适当工作。难以安排工作的，由用人单位按月发给伤残津贴，标准为：5级伤残为本人工资的70%，6级伤残为本人工资的60%，并由用人单位按照规定为其缴纳应缴纳的各项社会保险费。伤残津贴实际金额低于当地最低工资标准的，由用人单位补足差额。如果伤残者想解除或终止劳动关系，由单位支付一次性工伤医疗补助金和伤残就业补助金。

职工因工致残被鉴定为 7~10 级伤残的，享受以下待遇：

（3）从工伤保险基金中按伤残等级支付一次性伤残补助金，标准为：7 级伤残为 12 个月的本人工资，8 级伤残为 10 个月的本人工资，9 级伤残为 8 个月的本人工资，10 级伤残为 6 个月的本人工资；

（4）劳动合同期满终止，或者伤残者提出解除劳动合同时，由单位支付一次性工伤医疗补助金和伤残就业补助金。

3. 伤残后的生活护理费

工伤职工已经评定伤残并经劳动能力鉴定委员会确认需要生活护理的，由工伤经办机构从工伤保险基金中按月支付生活护理补助的费用。

生活护理费按照生活完全不能自理、生活大部分不能自理或者生活部分不能自理 3 个不同等级支付，其标准分别为统筹地区上年度职工月平均工资的 50%、40% 或者 30%。

（五）因工死亡后的抚恤待遇

因工死亡职工供养亲属享受抚恤金待遇的资格，由统筹地区社会保险经办机构核定。因工死亡职工供养亲属的劳动能力鉴定，由因工死亡职工生前单位所在地的市级劳动鉴定委员会负责。

因工死亡职工供养亲属范围内的人员，以依靠因其生前提供主要生活来源并有下列情形之一的，可按规定申请供养亲属抚恤金：

（1）完全丧失劳动能力的；

（2）因工死亡职工配偶男年满 60 周岁、女年满 55 周岁的；

（3）因工死亡职工父母男年满 60 周岁、女年满 55 周岁的；

（4）因工死亡职工子女未满 18 周岁的；

（5）因工死亡职工父母均已死亡，其祖父、外祖父年满 60 周岁，祖母、外祖母年满 55 周岁的；

（6）因工死亡职工子女已经死亡或者完全丧失劳动能力，其孙子女、外孙子女未满 18 周岁的；

（7）因工死亡职工父母均已死亡或完全丧失劳动能力，其兄弟姐妹未满 18 周岁的。

申请的供养亲属抚恤金包括丧葬补助金、供养亲属抚恤金和一次性工亡补助金。

（六）用人单位没有参加工伤保险，或在非法用工单位务工时发生工伤怎么办

《工伤保险条例》第六十条规定：用人单位依照本条例规定应当参加工伤保险而未参加的，由劳动保障行政部门责令改正；未参加工伤保险期间用人单位职工发生工伤的，由该用人单位按照本条例规定的工伤保险待遇项目和标准支付费用。

在非法用工单位受到事故伤害或者患职业病的职工，以及用人单位使用童工造成童工伤残、死亡的，非法用工单位必须向伤残职工或者死亡职工的直系亲属、伤残童工或者死亡童工的直系亲属给予一次性补偿。一次性补偿包括受到事故伤害或患职业病的职工或童工在治疗期间的费用和一次性补偿金。

思考与问答

1. 为什么要参加社会保险？
2. 进城务工者如何参加养老保险？
3. 工伤认定的标准是哪些？
4. 如何申请工伤认定？
5. 工伤致残后可享受什么待遇？

第六单元　安全生产

据统计，进城务工人员已经成为各类安全生产事故高发的主要群体。一起伤亡事故，会给一个人、一个家庭带来巨大的伤害和无法挽回的损失。进城务工人员必须加强安全生产和劳动保护方面的知识，以避免意外和伤害，拥有平安和幸福。

一、安全生产的基本知识

（一）安全生产是你的权利

国家在有关法律中规定，用人单位必须建立健全劳动安全卫生制度，严格执行国家劳动安全卫生规程和标准，对劳动者进行劳动安全卫生教育，防止劳动过程中的事故，减少职业危害。

《安全生产法》对劳动者的权利和义务作出了具体规定，其中在劳动者的权利方面规定：

（1）用人单位与从业人员订立的劳动合同，应当载明有关保障从业人员劳动安全、防止职业病危害的事项，以及依法为从业人员办理工伤社会保险的事项。用人单位不得以任何形式与从业人员订立协议，免除或者减轻其对从业人员因生产安全事故伤亡依法应承担的责任；

（2）从业人员有权了解其作业场所和工作岗位存在的危险因素、防范措施及事故应急措施，有权对本单位的安全生产工作提出建议；

（3）从业人员有权对本单位安全生产工作中存在的问题提出批评、检举、控告；有权拒绝违章指挥和强令冒险作业。用人单位不得因从业人员对本单位安全生产提出批评、检举、控告或者拒绝违章指挥、强令冒险作业而降低其工资、福利等待遇或者解除与其订立的劳动合同；

（4）当从业人员发现直接危及人身安全的紧急情况时，有权停止作业或者在采取可能的应急措施后撤离作业场所。用人单位不得因其在紧急情况下停止作业或者采取紧急撤离措施而降低其工资、福利等待遇或者解除与其订立的劳动合同；

（5）因生产安全事故受到损害的从业人员，除依法享有工伤社会保险外，依照有关民事法律尚有获得赔偿的权利的，有权向本单位提出赔偿要求。

（二）安全生产是你的义务

法律规定了劳动者在安全生产方面的基本义务，主要有：

（1）遵守国家有关安全生产的法律、法规和规章；

（2）在作业过程中，应当严格遵守本单位的安全生产规章制度和操作规程，服从安全生产管理；

（3）在作业过程中，应当正确佩戴和使用劳动防护用品；

（4）自觉接受生产经营单位有关安全生产教育和培训，掌握所从事工作应当具备的安全生产知识；

（5）在作业过程中发现事故隐患或其他不安全因素时，应当立即向现场安全生产管理人员或者本单位的负责人报告。如果本单位对报告置之不理，可向当地安全生产监督管理部门举报。

二、女职工的劳动保护权利

女性进城务工者，除享有一般的劳动安全保护以外，还依法享有一些特殊的劳动保护权利。根据《劳动法》和《女职工劳动保护规定》的规定，国家对女工权益的保护主要有以下几个方面：

（1）禁止安排女职工从事矿山井下、国家规定的第四级体力劳动强度的劳动和其他禁忌从事的劳动；

（2）不得安排女职工在经期从事高处、低温、冷水作业和国家规定的第三级体力劳动强度的劳动；

（3）不得安排女职工在怀孕期间从事国家规定的第三级体力劳动强度的劳动和孕期禁忌从事的劳动。产前检查应当算作劳动时间，工资照发。对怀孕 7 个月以上的女职工，不得安排其延长工作时间和夜班劳动；

（4）女职工生育享受不少于 90 天的产假，产前休假 15 天，产假期间工资、福利待遇不变；

（5）不得安排女职工在哺乳未满一周岁的婴儿期间从事国家规定的第三级体力劳动强度的劳动和哺乳期禁忌从事的其他劳动，不得安排其延长工作时间和夜班劳动，单位要在每班劳动时间内给予其两次哺乳时间，每次 30 分钟，不得以此为由扣发工资。

另外，《劳动法》还规定，女职工在妊娠期、产期、哺乳期内不得解除劳动关系。

三、安全生产责任

（一）用人单位的安全生产责任

为了切实维护劳动安全，最大限度地减少安全事故和职业病的发生，国家严格规定了用人单位在安全生产方面的责任。

在用人单位的责任方面，《劳动法》规定：

（1）对用人单位必须建立健全劳动安全卫生制度，严格执行国家劳动安全卫生规程和标准，对劳动者进行劳动安全卫生教育，防止劳动过程中的事故，减少职业病危害；

（2）劳动安全卫生设施必须符合国家规定的标准。新建、改建、扩建工程的劳动安全卫生设施，必须与主体工程同时设计、同时施工、同时投入生产和使用；

（3）用人单位必须为劳动者提供符合国家规定的劳动安全卫生条件和必要的劳动防护用品，对从事有职业病危害作业的劳动者，应当定期进行健康检查。

《安全生产法》对用人单位的职责作出了更加具体的规定。按该法规定，用人单位至少在以下几个方面承担责任：

（1）对从业人员进行安全生产教育和培训，保证从业人员具备必要的安全生产知识，熟悉有关的安全生产规章制度和安全操作规程，掌握本岗位的安全操作技能。未经安全生产教育和培训合格的从业人员，不得上岗作业；

（2）采用新工艺、新技术、新材料或者使用新设备，必须了解、掌握其安全技术特性，采取有效的安全防护措施，并对从业人员进行专门的安全生产教育和培训；

（3）生产经营单位的特种作业人员，必须按照国家有关规定，经过专门的安全作业培训，取得特种作业操作资格证书，方可上岗作业。特种作业人员的范围，由国务院负责安全生产监督

管理的部门会同国务院有关部门确定;

（4）在有较大危险因素的生产经营场所和有关设施、设备上，设置明显的安全警示标志。

（5）对重大危险源应当登记建档，进行定期检测、评估、监控，并制定应急预案，告知从业人员和相关人员在紧急情况下应当采取的应急措施;

（6）生产、经营、储存、使用危险物品的车间、商店、仓库不得与员工宿舍处在同一座建筑物内，并应当与员工宿舍保持安全距离。生产经营场所和员工宿舍应当设有符合紧急疏散要求的标志明显、保持畅通的出口。禁止封闭、堵塞生产经营场所或者员工宿舍的出口;

（7）教育和督促从业人员严格执行本单位的安全生产规章制度和安全操作规程;并向从业人员如实告知作业场所和工作岗位存在的危险因素、防范措施以及事故应急措施;

（8）必须为从业人员提供符合国家标准或者行业标准的劳动防护用品，并监督、教育从业人员按照使用规则佩戴使用。

2006年3月18日15点30分左右，山西省吕梁市临县胜利煤焦有限公司樊家山坑口井下发生特大透水事故。事发时，井下有58名矿工，其中30人逃生，另有28名矿工被困井下。

樊家山矿发生透水事故的原因主要有两点：

第一，违规生产。樊家山矿安全生产许可证已于2005年年底到期。按规定，必须进行安全设施检查和技术改造工作，达标后才能进入下一轮生产。在此期间煤矿要贴上封条，坑道内从事维修工作的人员不能超过9人。然而在治理整顿期间，樊家山矿以开展安全隐患自查为由，向安全生产监督管理部门打报告申请维修，第二天就得到临县安监局的批复，同意开启封条。第三天，大批工人便开进矿井开始挖煤了。

第二，管理混乱。一直对外宣称六证齐全的国有煤矿樊家山矿其实在2006年1月就已经把所有的采煤任务承包给了一家私人包工队，而他们对于安全生产并没有采取什么有效措施。

案例评析

樊家山矿无视国家的法律，在没有进行安全生产隐患排查治理的情况下，就擅自组织生产，对存在的重大透水隐患，没能有效预防、排除，导致了惨剧的发生。无论是疏于管理，还是急于生产，说到底，都是利益驱使的结果，而在这种情况下，矿工的生命安全却被搁置到一旁。按照有关的赔偿标准，每个遇难矿工的家属将获得20万元的赔偿，但是对死者的家属来说，再多的钱也无法挽回矿工的生命，无法使他们的家庭恢复往日的欢乐。该案例说明，如果用人单位不加强安全生产责任，采取有效的安全防护措施，一旦发生事故，则伤亡惨重。如果企业安全生产不达标，所有员工都有权举报与监督。

另外，对新招用的工人必须进行厂级、车间级、班组级

"三级"安全教育,"三级"安全教育考核合格才能上岗。

(1)针对工人所从事的岗位,进行安全操作技能的培训,杜绝违章操作。对于刚进入生产经营单位的务工人员,单位应提供安全教育和技能培训,使其适应岗位的安全生产需要;

(2)对从事危险性较大的特种作业人员,如电气、起重、焊接、锅炉、压力容器等工种的作业人员,进行专门的培训,并在取得相应的操作证或上岗证后,才允许上岗操作;

(3)经常进行安全教育,牢固树立"安全第一"的思想,及时克服麻痹大意和侥幸心理。

(二)违反安全生产将追究法律责任

安全生产不仅关系到个人安危,即使是小小过失,也可能会给他人、企业甚至社会带来灾难。根据国家有关法律规定,对安全事故责任人员要追究法律责任。

1. 用人单位违反安全生产法律规定应负的责任

用人单位的劳动安全设施和劳动卫生条件不符合国家规定或者未向劳动者提供必要的劳动防护用品和劳动保护措施的,必须改正。违反安全生产规定发生安全事故,造成人员伤亡的,应承担赔偿责任。对事故隐患不采取措施或强令劳动者违章冒险作业,造成严重后果的,对责任人员依法追究刑事责任。

2. 从业人员违反安全生产法律规定应负的责任

如果作为企业员工,不服从管理,违反安全生产规章制度和安全操作规程,可由用人单位给予批评,并进行有关安全生产方面知识的教育。也可依照有关规章制度,进行处分,这要根据单位内部的奖惩制度而定。

如果由于某位员工不服从管理或违章操作,造成了重大事故,构成了犯罪,将依照刑法有关规定对该员工追究刑事责任。

 案 例

2004年10月20日22时9分,大平煤矿通风科监测室值班

人员发现井下瓦斯探头显示情况异常，向通风科调度员贾江华汇报。贾江华自以为是探头失灵，通知修理工下井维修。22时14分，大平矿总调度室值班人员通过瓦斯终端监控设备发现13抽风泵站瓦斯超限，向贾江华汇报。贾江华将情况告诉景永振，景永振没做任何处理。

22时18分，总调度室值班人员再次发现井下先后有10余个地方瓦斯超限，又向贾江华汇报。贾江华向通风科值班员孙树林电话汇报后，到通风科科长办公室找彭向军汇报。彭向军擅离职守，让职工于松长代其值班。贾江华便向于松长作了汇报。

22时30分，景永振接到井下安检员的汇报，工作面进风流中瓦斯浓度达到6%，同时从瓦斯终端发现井下瓦斯超限，才到矿长值班室向正在打牌的矿长助理付相庄汇报。付相庄指示让井下停电撤人，但未打通电话。22时39分，大平煤矿井下发生瓦斯爆炸。

河南新密市检察院11月1日宣布，造成148名矿工遇难的大平煤矿特大瓦斯爆炸事故首批4名责任人，即郑煤集团大平煤矿原矿长助理付相庄、通风科原科长彭向军、通风科调度员贾江华、调度室调度员景永振，因涉嫌重大责任事故犯罪日前已被逮捕。

案例评析

这是一起典型的因为员工违反安全生产法律法规规定的案例。大平矿难的发生，不仅暴露出煤矿安全生产基础薄弱，同时还突出地反映了从业人员在不服从管理或违章操作方面必须承担的重大责任。

四、特种作业和常见职业危害的预防

（一）特种作业人员的规定

特种作业是指容易发生人员伤亡事故，对操作者本人、他人及周围设施的安全有重大危害的作业。国家有关文件规定：特种作业人员必须接受与本工种相适应的、专门的安全技术培训，经安全技术理论考核和实际操作技能考核合格，取得特种作业操作证后，才能持证上岗作业。

国家规定的特种作业有 17 类：①电工作业；②金属焊接、切割作业；③起重机械（含电梯）作业；④企业内机动车辆驾驶；⑤登高架设作业；⑥锅炉（含水质化验）作业；⑦压力容器作业；⑧制冷作业；⑨爆破作业；⑩矿山通风作业；⑪矿山排水作业；⑫矿山安全检查作业；⑬矿山提升运输作业；⑭采掘作业；⑮矿山救护作业；⑯危险物品作业；⑰经国家安全生产监督管理局批准的其他作业。

劳动者必须接受安全技术培训，并通过安全技术理论考试和实际操作技能考核之后，才能获得特种作业人员操作证，然后才能从事特种工作。

（二）职业病的种类

职业病是指劳动者在工作中，因为接触粉尘、放射性物质和其他有毒、有害物质等引起的疾病。引发职业病的有害因素包括：各种有害的化学、物理、生物因素以及在工作过程中产生的其他有害因素。

职业病包括10大类共115种，即职业中毒（铅、汞中毒等56种；尘肺矽肺、煤尘肺等13种）；职业性放射性疾病（放射性皮肤病、肿瘤等11种）；物理因素职业病（放射性疾病、高原病、航空病等5种）；生物因素所致职业病（炭疽等3种）；职业性皮肤病（接触性皮炎等8种）；职业性眼病（职业性白内障等3种）；职业性耳、鼻、喉病3种（噪声聋和铬鼻病）；职业性肿瘤（石棉所致肺瘤、联苯胺所致膀胱癌、苯所致白血病等8种）；其他职业病（职业性哮喘等5种）。

易患职业病的就业者有煤矿工人、建筑工人、纺织工人、炼钢工人等。矿山、纺织厂、化工厂、农药厂、制革厂等通常是很容易诱发职业病的地方。各种尘肺病则是最主要的职业病，70%以上的职业病与此有关。

（三）预防职业病

《中华人民共和国职业病防治法》中规定：容易产生职业病危害的用人单位，在成立的时候应当具备符合法律、行政法规规定的设立条件。除此之外，工作场所还应当符合以下职业卫生要求：

（1）职业病危害因素的强度或者浓度符合国家职业卫生标准；

（2）有与职业病危害防护相适应的设施；

（3）生产布局合理，符合有害与无害作业分开的原则；

（4）有配套的更衣间、洗浴间、孕妇休息间等卫生设施；

（5）设备、工具、用具等设施符合保护劳动者生理、心理健康的要求；

（6）法律、行政法规和国务院卫生行政部门关于保护劳动者健康的其他要求。

除此之外，用人单位还必须符合下列要求：

（1）作业场所与生活场所分开，作业场所不得住人；

（2）有害作业与无害作业分开，高毒作业场所与其他作业场所隔离；

（3）设置有效的通风装置，可能突然泄露大量有毒物品或者易造成急性中毒的作业场所，设置自动报警装置和事故通风设施；

（4）高毒作业场所设置应急撤离通道和必要的泄险区。

另外，使用有毒物品作业的场所；应当设置黄色区域警示线、警示标识和中文警示说明。警示说明应当载明产生职业中毒危害的种类、后果、预防以及应急救治措施等内容。高毒作业场所应当设置红色区域警示线、警示标识和中文警示说明，并设置通讯报警设备。

（四）职业病的处理和享受待遇

得了职业病后，要进行报告和认定，并获得相应赔偿。具体程序如下：

（1）劳动者因工患职业病，用人单位应该按照国家和地方政府的规定进行工伤事故报告，或者经职业病诊断机构确诊进行职业病报告；

（2）用人单位和劳动者按规定向当地劳动行政部门申请工伤认定；

（3）劳动行政部门确认报告后，会督促用人单位或相关保险机构给予劳动者相关赔偿；

（4）如果劳动者发现用人单位瞒报、漏报职业病，就可以向劳动行政部门报告，请求帮助。在某些情况下，也可以请律师，上法院起诉用人单位；

（5）如果劳动者对赔偿结果不满意，也可以依法提起诉讼。

用人单位应当按照国家有关规定，安排职业病病人进行治疗、康复和定期检查。用人单位对不适宜继续从事原工作的职业病病人，应当调离原岗位，并妥善安置。用人单位对从事接触职业病危害的作业劳动者，应当给予适当岗位津贴。

用人单位按照国家规定参加工伤保险的，患职业病的劳动者有权按照国家有关工伤保险的规定，享受下列工伤保险待遇：

（1）医疗费。因患职业病进行诊疗所需费用，由工伤保险基金按照规定标准支付；

（2）住院伙食补助费。由用人单位按照当地因公出差伙食标准的一定比例支付；

（3）康复费。由工伤保险基金按照规定标准支付；

（4）残疾用具费。因残疾需要配置辅助器具的，所需费用由工伤保险基金按照普及型辅助器具标准支付；

（5）停工留薪期的待遇。原工资、福利待遇不变，由用人单位支付；

（6）生活护理补助费。经评伤残并确认需要生活护理的，生活护理补助费由工伤保险基金按照规定标准支付；

（7）一次性伤残补助金。经鉴定为十级至一级伤残的，按照伤残等级享受相当于 6~24 个月的本人工资的一次性伤残补助金，由工伤保险基金支付；

（8）伤残津贴。经鉴定为四级至一级伤残的，按照规定享受相当于本人工资 75%~90% 的伤残津贴，由工伤保险基金支付；

（9）死亡补助金。因职业中毒死亡的，由工伤保险基金按照不低于 8 个月的统筹地区上年度职工月平均工资的标准一次支付；

（10）丧葬补助金。因职业中毒死亡的，由工伤保险基金按照 6 个月的统筹地区上年度职工月平均工资的标准一次支付；

（11）供养亲属抚恤金。因职业中毒死亡的，对由死者生前提供主要生活来源的亲属，由工伤保险基金支付抚恤金；对其配偶每月按照统筹地区年度职工月平均工资的 40% 发给，对其生前供养的直系亲属，每人每月按照统筹地区上年度职工月平均工资的 30% 发给；

（12）国家规定的其他工伤保险待遇。

思考与问答

1. 作为进城务工者，你有什么样的安全生产的权利和义务？
2. 用人单位应承担哪些安全生产责任？
3. 违反安全生产将追究什么法律责任？
4. 国家对女职工有什么劳动保护？
5. 如何预防职业病？
6. 谈谈发生职业病后的处理程序及可享受的待遇。

第七单元 疾病防治

国务院下发的《关于解决农民工问题的若干意见》明确要求各级政府要采取措施，解决农民工在疾病预防控制、医疗保障、职业安全卫生和食品卫生保障、健康教育等问题。本单元主要介绍传染病防治方面的内容。

一、疾病防治的基本知识

（一）传染病及其特征

传染病是由各种病原体所引起的一组具有传染性的疾病。病原体通过某种方式在人群中传播，常造成传染病流行。如果不注意防治，将对人的生命健康和国家经济建设带来极大的危害。

一般而言，传染病主要有三个特征：

1. 有病原体

每种传染病都有其特异的病原体，包括病毒、立克茨体、细菌、真菌、螺旋体、原虫等。

2. 有传染性

病原体从宿主排出体外，通过一定方式，到达新的易感染体内，呈现出一定传染性，其传染强度与病原体种类、数量、毒力、易感者的免疫状态等有关。

3. 有流行性、地方性、季节性

（1）流行性。按传染病流行病过程的强度和广度分为：散发，流行，大流行，暴发；

（2）地方性。指某些传染病或寄生虫病，其中间宿主受地理条件、气温条件变化的影响，常局限于一定的地理范围内发生。如虫媒传染病、自然疫源性疾病；

（3）季节性。指传染病的发病率，在年度内有季节性升高。此与温度、湿度的改变有关。

4．有免疫性

传染病痊愈后，人体对同一种传染病病原体产生不感受性，称为免疫。不同的传染病，病后免疫状态有所不同，有的传染病患病一次后可终身免疫，有的还可感染。

 案 例

据卫生部统计，2006 年中国内地有超出 460 万传染病案例报道，有 10726 人死于传染病。据卫生部报告称，肺结核、乙肝、梅毒和淋病占总病例的 85%，而 88% 的人是死于肺结核、狂犬病、艾滋病、乙肝和脑膜炎。据报告称，去年没有暴发全国性传染疾病，但是发现有区域性传染病，引用例子有：贵州发生的脑脊椎膜炎和吉林、黑龙江和海南发生的麻疹，云南和新疆发生的伤寒及安徽和河南发生的疟疾。

案例评析

传染病的防治要引起足够重视。

（二）传染病的流行环节与传播途径

传染病的流行必须具备三个基本环节，即传染源、传播途径和人群易感性。三个环节必须同时存在，才能构成传染病流行，缺少其中的任何一个环节，新的传染不会发生，不可能形成流行。

1．传染源

传染源是指病原体已在体内生长繁殖并能将其排出体外的人和动物。传染源包括下列 4 个方面：

（1）患者。急性患者及其症状（咳嗽、吐、泻）而促进病原体的播散；慢性患者可长期污染环境；轻型患者数量多而不易被发现；

（2）隐性感染者。在某些传染病（如脊髓灰质炎）中，隐性感染者是重要传染源；

（3）病原携带者。慢性病原携带者不显出症状而长期排出病原体，在某些传染病（如伤寒、细菌性痢疾）中有重要的流行病学意义；

（4）受感染的动物。某些动物间的传染病，如狂犬病、鼠疫等，也可传给人类，引起严重疾病。还有一些传染病如血吸虫病，受感染动物是传染源中的一部分。

2.传播途径

病原体从传染源排出体外，经过一定的传播方式，到达与侵入新的易感者的过程，谓之传播途径。

（1）空气、飞沫、尘埃。病原体由传染源通过咳嗽、喷嚏、谈话排出的分泌物和飞沫，使易感者吸入受染，主要见于以呼吸道为进入门户的传染病，如流脑、猩红热、百日咳、流感、麻疹、白喉、SARS 等；

（2）水、食物、苍蝇。病原体借粪便排出体外，污染水和食物，易感者通过污染的水和食物受染，主要见于以消化道为进入门户的传染病，如伤寒、痢疾、霍乱、甲型毒性肝炎等；

（3）虫媒传播。病原体在昆虫体内繁殖，完成其生活周期，通过不同的侵入方式使病原体进入易感者体内。蚊、蚤、蜱、恙虫、蝇等昆虫为重要传播媒介。如蚊传疟疾、丝虫病、乙型脑炎、蜱传回归热、虱传斑疹伤寒、蚤传鼠疫、恙虫传恙虫病。由于病原体在昆虫体内的繁殖周期中的某一阶段才能造成传播，故称生物传播；

（4）手、用具、玩具。又称日常生活接触传播，既可传播消化道传染病（如痢疾），也可传播呼吸道传染病（如白喉）；

（5）血液、体液、血制品。见于乙型肝炎、丙型肝炎、艾滋病等；

（6）土壤。当病原体的芽孢（如破伤风、炭疽）或幼虫（如钩虫）、虫卵（如蛔虫）污染土壤时，则土壤成为这些传染病的传染途径。

3. 人群易感性

对某一传染病缺乏特异性免疫力的人称为易感者，易感者在某一特定人群中的比例决定该人群的易感性。易感者的比例在人群中达到一定水平时，如果又有传染源和合适的传播途径，则传染病的流行很容易发生。某些病后免疫力很巩固的传染病（如麻疹），经过一次流行之后，要等待几年当易感者比例再次上升至一定水平，才发生另一次流行。这种现象称为流行的周期性。在普遍推行人工自动免疫的干预下，可把易感者水平降至最低，就能使流行不再发生。

（三）传染病的治疗方法

1. 一般治疗

（1）隔离。根据传染病传染性的强弱，传播途径的不同和传染期的长短，收住相应隔离室。隔离分为严密隔离、呼吸道隔离、消化道隔离、接触与昆虫隔离等。隔离的同时要做好消毒工作；

（2）护理。病室保持安静清洁，空气流通新鲜，使病人保持良好的休息状态。良好的基础与临床护理，可谓治疗的基础。对休克、出血、昏迷、抽风、窒息、呼吸衰竭、循环障碍等专项特殊护理，对降低病死率，防止各种并发症的发生有重要意义；

（3）饮食。保证一定热量的供应，根据不同的病情给予流质、半流质饮食等，并补充各种维生素。对进食困难的病人需喂食、鼻饲或静脉补给必要的营养品。

2. 对症与支持治疗

（1）降温。对高热病人可用头部放置冰袋，酒精擦浴，温水灌肠等物理疗法，亦可针刺合谷、曲池、大椎等穴位，超高热病人可用亚冬眠疗法，亦可间断肾上腺皮质激素；

（2）纠正酸碱失衡及电解质紊乱。高热、呕吐、腹泻、大汗、多尿等所致失水、失盐酸中毒等，通过口服及静脉注输及时补充纠正；

（3）镇静止惊。因高热、脑缺氧、脑水肿、脑疝等发生的惊厥或抽风，应立即采用降温、镇静药物、脱水剂等处理；

（4）心功能不全。应给予强心药，改善血循环，纠正与解除引起心功能不全的诸因素；

（5）呼吸衰竭。去除呼吸衰竭的方法，要保持呼吸道通畅，吸氧，呼吸兴奋剂，或利用人工呼吸器。

二、常见传染病的防治

（一）流行性感冒的防治

流行性感冒（简称"流感"），是由流感病毒引起的急性呼吸道传染病。流感的潜伏期短，通常为 1～3 天，传播速度快，发病率高。

1. 症状

流感临床表现为发热、头痛、肌痛、乏力、鼻炎、咽痛和咳嗽，可有肠胃不适，早期与传染性非典型肺炎的鉴别诊断困难。流感能加重潜在的疾病（如心肺疾患）或者引起继发细菌性肺炎或原发流感病毒性肺炎，老年人以及患有各种慢性病或者体质虚弱者患流感后容易出现严重并发症，病死率较高。

2. 传播途径

流感主要在人与人之间通过咳嗽及打喷嚏时产生的呼吸道飞沫传播；亦可通过接触表面沾有病毒的物件后再接触口鼻而染病。

3. 治疗和预防

由于流感是病毒性传染病，没有特效的治疗手段，因此预防措施非常重要。主要预防措施包括：

（1）保持良好的个人及环境卫生；

（2）勤洗手，使用肥皂或洗手液并用流动水洗手，不用污浊的毛巾擦手。双手接触呼吸道分泌物后（如打喷嚏后）应立即洗手；

（3）打喷嚏或咳嗽时应用手帕或纸巾掩住口鼻，避免飞沫污染他人。流感患者在家或外出时佩戴口罩，以免传染他人；

（4）均衡饮食、适量运动、充足休息，避免过度疲劳；

（5）每天开窗通风数次（冬天要避免穿堂风），保持室内空气流通；

（6）在流感高发期，尽量不到人多拥挤、空气污浊的场所；不得已必须去时，最好戴口罩；

（7）在流感流行季节前接种流感疫苗也可减少感染的机会或减轻流感症状。

4. 接种流感疫苗

在流感流行高峰前 1～2 个月接种流感疫苗能更有效发挥疫苗的保护作用。我国推荐接种时间为每年 9～11 月份。流感疫苗接种对于甲、乙型流感具有一定的保护性，但对禽流感没有预防效果。流感疫苗由公民自费并自愿接种。一般来说，年龄在 6 个月以上，没有接种禁忌者均可自愿自费接种流感疫苗。以下人群推荐接种流感疫苗：

（1）60 岁以上人群；

（2）慢性病患者及体弱多病者；

（3）医疗卫生机构工作人员，特别是一线工作人员；

（4）小学生和幼儿园儿童；

（5）养老院、老年人护理中心、托幼机构的工作人员；

（6）服务行业从业人员，特别是出租车司机，民航、铁路、公路交通的司乘人员，商业及旅游服务的从业人员等；

（7）经常出差或到国内外旅行的人员。

5. 预防流感的简易措施

（1）食醋消毒法。可与药物预防结合使用；

（2）个人防护口、鼻洗漱法。食醋一份加开水一份等量混合，待温，于口腔及咽喉部含漱，然后用剩余的食醋冲洗鼻腔，每日早、晚各一次，流行期间连用 5 天；

（3）空间消毒法。这种方法适用于家庭住房，将食醋一份与水一份混合，装入喷雾器，于晚间休息前紧闭门窗后喷雾消毒。新式房屋或楼房以每立方米空间喷雾原醋 2～5 毫升，老式房间每间以 50～100 毫升为宜，隔天消毒一次，共喷 3 次。在流行严重期间或家庭内部已出现病员的情况下，食醋的用量要增至每间房 150～250 毫升；

（4）住宅熏蒸（煮）法。将门窗紧闭，把醋倒入铁锅或沙锅等容器，以文火煮沸，使醋酸蒸气充满房间，直至食醋煮干，等容器晾凉后加入清水少许，溶解锅底残留的醋汁，再熏蒸，如此反复 3 遍；食醋用量为每间房屋 150 毫升，严重流行高峰期间可增加至 250～300 毫升，连用 5 天。

在这两种空气消毒法中，可根据条件任意选择，如只有暖气设备而无火源时可采取空喷雾消毒法。在有火源而无喷雾器时，可采用熏蒸消毒法。这些方法的实行都很简便，也都具有消毒的实效。

（二）禽流感的防治

禽流感是禽流行性感冒的简称，它是一种由甲型流感病毒的一种亚型（也称禽流感病毒）引起的传染性疾病，被国际兽疫局定为甲类传染病，又称真性鸡瘟或欧洲鸡瘟。按病原体类型的不同，禽流感可分为高致病性、低致病性和非致病性禽流感三大类。非致病性禽流感不会引起明显症状，仅使染病的禽鸟体内产生病毒抗体。低致病性禽流感可使禽类出现轻度呼吸道症状，食量减少，产蛋量下降，出现零星死亡。高致病性禽流感最为严重，发病率和死亡率均高，感染的鸡群常常"全军覆没"。过去，禽流感一直被认为只在禽类中流行。直到 20 世纪 90 年代末，才发现了人类感染禽流感。

1. 症状

人类感染禽流感的潜伏期一般为 1～7 天。早期症状与人流感相似，主要表现为发热，体温一般可达 39℃，持续 1～7 天，伴有流涕、咳嗽、咽痛、全身酸痛，有些病人出现恶心、腹痛、腹泻、结膜炎以及肺部干、湿性啰音。部分患者病情进展迅速，口腔黏膜、四肢、胸腹部皮肤出现出血点，并可以迅速融合成片。肺部炎症进行性加重，导致呼吸窘迫综合征、肺出血、胸腔积液、呼吸衰竭、心功能衰竭、肾功能衰竭、感染性休克等多脏器功能衰竭而死亡。

2. 传播途径

在禽与人类之间，给人类带来威胁的主要是鸡、鸭等家禽。可通过接触病禽以及病禽分泌物或排泄物污染的饲料、水、蛋箱、垫草、种蛋、鸡胚等，经过呼吸道、消化道传播给人。被病毒污染的羽毛和粪便是重要的传染物。

3. 预防与治疗

和其他流感相比，人禽流感一年四季均可发病，多见于冬春季节。人类禽流感没有特效药物治疗，主要是对症治疗和护理。如果出现早期症状，要注意休息，补充营养，多喝开水。如症状加重，怀疑感染了人类禽流感，应立即就医。

预防人禽流感要从以下几个方面入手：

首先，应该及时关注政府、媒体发布的疫情信息，对于那些产自疫区的鸡蛋、鸡肉等禽类食品要尽量避免食用。

其次，养成良好的卫生习惯，做饭时一定坚持生熟分开，如切生鸡肉的案板和刀就不能再去切熟食，否则直接入口的熟食就容易沾上病菌，如果这只生鸡正好是一只病鸡，那么人就很可能被传染上禽流感。

第三，不要喝生水，鸡肉、鸡蛋一定要煮熟了吃。禽流感病毒对低温抵抗力较强，在22℃水中可存活4天，在0℃水中可存活30天以上，在粪便中可存活3个月。而禽流感病毒对热比较敏感，100℃以上的沸水里煮2分钟即可灭活。

第四，要经常洗手，尤其是吃东西前、回家后一定要洗手，把可能存在的病毒清洗掉。因为人们在公共汽车等场所里很可能会接触到病毒，比如一名禽流感病毒携带者打喷嚏时用手捂了嘴，然后用这只手抓扶了车里的把杆，随后健康人也抓握了这段把杆，接触到病毒，于是病毒就被传染到另一个人身上。

（三）流行性乙型脑炎的防治

流行性乙型脑炎（简称"乙脑"），是由流行性乙型脑炎病毒所致的中枢神经系统急性传染病，通过蚊虫传播，其流行有严格的季节性，90%集中在七、八、九月。病人中以儿童居多，发病急骤，有高热、头痛、呕吐、意识障碍、抽搐、呼吸衰竭及脑膜刺激症状。病情凶险多变，重型患者病死率高，后遗症发生率也较高。乙型脑炎属"温热病"的范畴，如发热而渴的为"暑温"；发热四肢厥冷的为"暑厥"；发热四肢抽搐的为"暑风"；发热颈项强直的为"暑痉"。

1. **症状**

乙脑的潜伏期为4～21天，一般10天左右。整个病程分为3期：

（1）初期。病程第1～3天，有高热、呕吐、头痛、嗜睡；发烧：体温两天内升到39～40℃。体温升高，病情加重，热型不规则。婴幼儿高温时伴有抽风、惊厥；

（2）极期。病程第4～10天，头痛加剧，有不同程度的嗜睡至昏迷，惊厥或抽筋，肢体瘫痪或假直，有脑膜刺激征及颅内压增高表现，深度昏迷病人可发生呼吸衰竭。颅内病变部位不同还可出现相应神经系统症状和体征，此期持续10天左右；

（3）恢复期。多数病人体温下降，神志逐渐清醒，语言功能及神经反射逐渐恢复，少数人留有失语、瘫痪、智力障碍等，经治疗在半年内恢复，半年后仍遗留上述症状称之为后遗症。

2. 传播途径

乙脑的传染源是受感染的动物和人，其中猪与马是重要的传染源。乙脑主要通过蚊子（三带稀库蚊等）叮咬传播。乙脑属于血液传播的自然疫源性疾病。通过媒介昆虫叮咬处于病毒血症的动物，乙脑病毒在昆虫体内增殖，再叮咬人，通过口器把病毒传到人体而引起感染发病。

3. 预防与治疗

目前尚缺乏特异性抗病毒药物，病人必须住院，轻症者可用中药对症治疗。对重症者需细致的护理、降低颅内压、应用激素，必要时以人工呼吸机处理呼吸衰竭，以挽救生命。

预防乙脑应采取综合性措施，其中主要的措施是乙脑灭活疫苗预防接种和灭蚊防蚊。

（1）灭蚊是预防本病的根本措施，纱窗、蚊帐、蚊香等防蚊措施也极重要；

（2）预防接种：用乙脑灭活疫苗对儿童及非流行区迁入的成人进行接种；

（3）夏秋季为流行季节，此时如有突然起病、高热、呕吐、嗜睡、昏迷等症状的都应立即送医院就医。医生建议作腰椎穿刺检查时应积极配合；

（4）仅有发热、轻度头痛、神志清醒的轻型病人，可隔离于阴凉的房间内，可给冰袋降温以及口服阿司匹林退热，并补充液体。亦可用中药银花、连翘、菊花各 15 克煎服，每日 1 帖，连服 5～7 日。

（四）艾滋病的防治

艾滋病是一种病死率很高的严重传染病，它的医学全称是"获得性免疫缺陷综合征"（AIDS）。这个命名表达了三个定义：第一，获得性：表示在病因方面是后天获得而不是先天具有的，是由艾滋病病毒（HIV）引起的传染病；第二，免疫缺陷：主要是病毒造成人体免疫系统的损伤而导致免疫系统的防护功能减低、丧失；第三，综合征：表示在临床症状方面，由于免疫缺陷导致的多种系统的机会性感染、肿瘤而出现的复杂症候群。

1. 症状

艾滋病病毒进入人体后的繁殖需要一定的时间。在开始阶段，感染者的免疫功能还没有受到严重破坏，因而没有明显的症状，我们把这样的人称为艾滋病病毒感染者。当感染者的免疫功能被破坏到一定程度后，其他病菌就会乘虚而入，这时，感染者就成为艾滋病患者了。从艾滋病病毒感染者发展到艾滋病患者可由数月至数年，一般为8~10年，最长可达19年。

从感染艾滋病病毒到发展成艾滋病患者，可分为3个时期：

（1）急性感染期。一般在感染艾滋病病毒后2~6周出现。表现为发热、咽喉痛、淋巴结肿大、皮疹等，一般持续约两周自行消退。但不是所有的人都会有明显的急性感染期，出现率为50%~75%。此期感染者具有传染性；

（2）无症状感染期。其特点是没有明显的症状，是艾滋病的潜伏期。潜伏期内的艾滋病病毒感染者具有传染性，又称作艾滋病病毒携带者，这时的艾滋病病毒抗体阳性检出率几乎达100%；

（3）艾滋病期。表现为全身症状，如持续不规则低热；持续性全身性淋巴结肿大，特别是除腹股沟以外，全身有两处以上部位淋巴结肿大，一般1厘米大小，不疼痛；持续慢性腹泻；三个月内体重下降10%以上；盗汗，初为夜间出现，继而发展到白天也存在；极度乏力、记忆力减退、反复头痛、反应迟钝乃至痴呆；出现肺炎、结核、肠炎等，甚至肿瘤。艾滋病病毒抗体阳性。

2. 传播途径

艾滋病主要通过性接触、血液和母婴3种途径传播。

（1）血液传染

①接受了带有艾滋病病毒的血液或血液制品、器官；

②使用带有艾滋病病毒的医疗器具；

③共用针具静脉吸毒。

（2）性传染

①与感染艾滋病病毒的男性或女性发生性关系；

②患有性病会增加艾滋病病毒的感染机会。

（3）母婴传染

感染艾滋病病毒的母亲在怀孕、分娩及哺乳时会传给孩子。但是，在日常工作生活接触中，如一般接触、拥抱和握手，一同乘车、上课或工作，空气、蚊虫叮咬，共用茶杯和餐具等，都不会传播艾滋病。

3. 预防和治疗

艾滋病病毒侵入人体后破坏人体免疫功能，使人体发生多种难以治愈的感染和肿瘤，最终导致死亡。艾滋病的病死率极高，目前尚无彻底治愈的方法，但是完全可以预防的。

（1）洁身自爱，不卖淫嫖娼；

（2）不吸毒，更不与他人共用注射器进行静脉吸毒；

（3）不要在无保护下接触他人的血液或伤口；

（4）不使用未经检测的血液或血液制品；

（5）必须使用一次性注射器，不到消毒不可靠的医疗单位打针、针灸、手术、拔牙；

（6）不用没消毒的器具穿耳、文刺、美容，不与他人共用剃须刀、牙刷；

（7）要采取安全的性行为，正确使用安全套。

4. 防治艾滋病国家有关政策

（1）对农民和城镇经济困难人群中的艾滋病人免费提供艾滋病抗病毒治疗药物；

（2）所有自愿接受艾滋病咨询检测的人员可免费咨询和初

筛检测；

（3）为感染了艾滋病病毒的孕妇提供健康咨询、产前指导和分娩服务，同时免费提供母婴阻断药物和婴儿检测试剂；

（4）对艾滋病患者的遗孤实行免费就学；

（5）国家对生活困难的艾滋病患者给予必要的生活救济，积极扶持有生产能力的艾滋病感染者开展生产活动，不能歧视艾滋病感染者和病人。

思考与问答

1. 传染病有哪些传播途径？

2. 如何防治流行性感冒？

3. 如何预防禽流感？

4. 如何预防艾滋病？

第八单元　遵纪守法

本单元将介绍有关在城市务工必须具备的道德素质、在城市应该了解和遵守的法律法规，以及在城市的基本生活常识。

一、在城市务工必须具备的道德素质

社会之所以能够有秩序地存在和发展，就在于每个人都在自己的岗位上遵守一定的道德和法律规范。进城务工者是社会的一分子，也必须用社会公德、组织纪律和职业道德来约束、规范自己的行为，培养"八荣八耻"的荣辱观，不断提高自身的道德修养，做一个文明的务工者。

（一）遵守社会公德

公民道德是人们在长期生活实践中产生和逐步形成的，具有维护和保障社会生活正常进行的作用。在城市中生活，遵守公民道德是起码的要求。

务工者应该遵循的社会道德规范包括了十分丰富的内容：爱祖国、爱人民、爱劳动、爱科学、爱社会主义；要爱憎分明，与人为善，讲团结友爱，讲互助互让；尊重领导，尊重师长，团结同事，关心他人，助人为乐，见义勇为；讲文明礼貌，遵守公共秩序，爱护公共财物，维护环境卫生，做到在公共场合行为举止有度、不粗俗，语言文明、不说脏话。

案例

民工郑某，在为客户送货返厂路上，突然发现路面上躺着一只黑色发亮的皮包。他拣起皮包打开一看，包里装有超薄型、带

摄像头的摩托罗拉手机一部，还有农行卡、工行卡、电话卡和账目发票等物，价值数万元。郑某到厂后，立即把路上捡包的事向老板作了汇报，并和老板一起在包里找到了失主的电话号码，及时与失主取得了联系。失主按照郑某提供的地址，前来取回了自己丢失的皮包。见包内物件一样不少，他激动地说："郑某拾金不昧，谢金不收，这样的好民工真让人感动。"

案例评析

郑某拾金不昧的行为和诚实的品质的确让人感动与起敬。这样的人在工作和生活中更容易得到别人的信任。

（二）遵守组织纪律

无论在哪里工作，都会有相应的组织纪律来约束，社会上的各行各业，都有自己的规章制度和工作纪律。这和"日出而作，日落而归"的传统农业劳动方式有很大区别。进城务工者要改变原有的劳动习惯，用组织纪律约束自己的行为，遵守厂规厂纪，坚守工作岗位，服从命令、听从指挥，以保证工作的正常运行。

（三）有良好的职业道德

每一种职业都要求从业者具有与职业活动相适应的道德规范，称为职业道德。如医生要有救死扶伤的人道主义精神，商人要买卖公平、童叟无欺，服务人员要热情周到等都是人们熟悉的职业道德要求。因此，进城务工者要做好爱岗敬业、工作认真负责的思想准备，要树立起职业责任意识和职业荣誉感。职业不仅是人们生存的手段，更是服务社会的途径。要做到干一行爱一行；树立爱厂如家、自觉维护用工单位利益的观念，形成良好的职业形象，在城镇就业后为所在的单位赢得荣誉；要树立献身精神，吃苦耐劳，公而忘私，为事业奉献全部才智。

爱岗敬业要贯穿于工作的每一天。随着社会的发展，一个人一生可能会有很多次的岗位变动。然而无论在什么岗位上，只要在岗一天，就应当认真负责地工作一天。

（四）要树立自尊、自爱、自立、自强的人格

农村富余劳动力外出打工是靠劳动吃饭，靠力气挣钱，凭本事寻找机会实现愿望。虽然务工者在工作上与用工单位和用工个人属于雇佣和被雇佣的关系，但人格上和老板、经理是平等的，务工者应该维护自己的正当权益和尊严。务工者不论在哪里都要自爱、自强。只有洁身自好、自强不息、奋斗不止的人才能受到别人的尊重，才能真正维护自己的人格尊严。

（五）培养"八荣八耻"的荣辱观

进城务工者要注意培养"八荣八耻"的荣辱观，即：以热爱祖国为荣，以服务人民为荣，以崇尚科学为荣，以辛勤劳动为荣，以团结互助为荣，以诚实守信为荣，以遵纪守法为荣，以艰苦奋斗为荣；以危害祖国为耻，以背离人民为耻，以愚昧无知为耻，以好逸恶劳为耻，以损人利己为耻，以见利忘义为耻，以违法乱纪为耻，以骄奢淫逸为耻。

二、在城市工作和生活应遵守的法律法规

遵纪守法是最起码的社会公德，是社会保持良好秩序的基本前提。进城务工，到城市生活，必须了解并遵守一些法律法规，如《城市市容和环境卫生管理条例》、《公共场所卫生管理条例》、《道路交通安全法》、《治安管理条例》、《租赁房屋治安管理规定》、《暂住证申领办法》、《流动人口计划生育工作管理办法》等。

（一）交通规则

国务院颁布了《城市交通规则》，各个省市也有相应的交通法规。从农村来到城市，务必要注意当地的交通规则，确保自己在出行时的安全。以下一些交通常识，务必牢记：

（1）在我国，除港澳台地区外，车辆都必须靠右行进；

（2）交通警示灯：绿灯表示准许通行；黄灯表示即将禁止通行；红灯表示禁止通行，这时车辆和行人都不可以再通过路口。这也就是所谓的"红灯停、绿灯行"；

（3）喝酒之后千万不要驾驶车辆，以免发生意外。骑自行车时，不要双手离把，不要攀扶其他车辆或撑伞；不能两人同骑一辆车；不要在人行道上骑车；更不能互相追逐；

（4）徒步出行时应该在人行道上，没有人行道的，要靠边走；乘车时要在站台上或在靠近停车地点的人行道上候车；横过街道或通过交叉路口时，须在划定的人行横道线内通行。

城里人流车流密集，车辆速度快，为保障人员安全、交通畅达，国家制定了严格的交通安全法，各地结合当地情况还制定了交通安全法的实施条例。可以说交通法规是无数血的教训换来的。但是不少人特别是进城务工人员交通安全意识差，有的还存在着"汽车不敢撞我"的侥幸心理，出行时像在农村一样漫不经心，随意横穿机动车道，甚至铁路，往往酿成惨祸。在城市交

通事故中，进城务工人员违章造成的事故占有相当高的比例。要保障自己和他人生命财产的安全，必须严格遵守交通规则。

随着城市交通现代化和人性化的发展，交通规则越来越细，但万变不离其宗：行人、机动车和非机动车各行其道；认清各种交通标志和设施，遵守交通信号和警察指挥；行人严禁穿越快速车道，严禁翻越交通护栏；穿越无专用人行道的道路时，要先左看后右看，在确认无车辆行驶时方可穿行。

（二）治安管理规定

治安管理的主要任务是同各种犯罪行为作斗争，同违反治安管理的行为作斗争，同治安灾害事故作斗争，其本质是维护社会秩序和公共安全，保障社会主义现代化建设的顺利进行。违反治安管理的行为有：

（1）扰乱公共秩序的行为，包括：扰乱国家机关、团体、企事业单位的正常工作秩序；扰乱车站、码头、机场、运动场、公园等公共场所的秩序；扰乱公交、火车、船只等公共交通工具的秩序；斗殴滋事、侮辱妇女或者其他流氓行为；散布谣言扰乱社会秩序，制造混乱；阻碍国家工作人员依法执行公务等；

（2）妨害公共安全的行为，包括非法携带枪支、匕首等管制品；违反危险品管理规定的行为；违反安全规定、影响交通安全的行为等；

（3）侵犯他人人身权利，包括直接侵犯他人的人身安全和其他直接相关的权利，如他人的生命健康、人身自由、人格和名誉等；

（4）侵犯公私财物，具体表现为偷窃、骗取、抢夺、敲诈勒索公私财物；哄抢或故意损坏公私财物等；

（5）妨害社会管理秩序的行为，主要是指扰乱国家对社会管理的有关规定，破坏社会秩序的行为；

（6）违反消防管理规定的行为，不遵守消防条令，影响灭火救灾，过失引起火灾未造成严重损失；

（7）违反交通管理的行为，主要是交通违章或交通肇事；

（8）违反户口管理的行为，主要是假报户口或者冒领他人户口证件、居民身份证，故意涂改户口证件。

（三）计划生育政策

从 1991 年 1 月 1 日起，国家实行《流动人口计划生育管理办法》，进城务工人员必须遵守这个规定。

（1）成年流动人口在离开户籍所在地时，应当到当地县级人民政府计划生育行政部门办理婚育证明。外出务工者找到工作后，应当向务工居住地的乡（镇）人民政府或者街道办事处交验婚育证明，并接受当地计划生育部门的管理；

（2）已婚育龄流动人口申请在现居住地生育子女的，必须先在原籍所在地的计划生育行政部门办理生育证明材料；

（3）对已婚育龄流动人口中独生子女的父母的奖励，由其户籍所在地有关部门按照当地规定办理。已婚育龄流动人口的节育手术费，有用人单位的由用人单位支付，没有用人单位的则先由本人支付，凭现居住地有关部门的证明向原户籍所在地乡镇人民政府或街道办事处申请报销。

（四）外出务工子女入学的政策

孩子是祖国的未来，孩子享受九年义务教育的权利是受法律保护的。作为父母无论到哪里就业都不可荒废对孩子的教育，对进城务工的父母来说，让孩子受教育的方式不外乎两种：一是继续在农村接受教育，二是随父母到务工地接受教育。

来到城市里，把孩子带在自己的身边，应该让孩子到正规的学校接受教育。目前，国家对进城务工农民子女入学的政策规定主要有以下几个方面：

（1）进城务工就业农民流入地政府负责进城务工就业农民子女接受义务教育工作，以全日制公办中小学为主；

（2）流入地政府要制定有关行政规章，协调有关方面，切实做好进城务工就业农民子女接受义务教育工作；

（3）充分发挥全日制公办中小学的接收主渠道作用。在评优奖励、入队入团、课外活动等方面，学校要做到进城务工就业农民子女与城市学生一视同仁；

（4）建立进城务工就业农民子女接受义务教育的经费筹措保障机制；

（5）采取措施，切实减轻进城务工就业农民子女教育费用负担。流入地政府要制定进城务工就业农民子女接受义务教育的收费标准，减免有关费用，做到收费与当地学生一视同仁；

（6）进城务工就业农民流入地政府做好外出务工就业农民子女义务教育工作。外出务工就业农民子女返回原籍就学，当地教育行政部门要指导并督促学校及时办理入学等有关手续，禁止收取任何费用。

三、城市生活常识

（一）租赁房屋

在城里租房时，需要注意以下几点：

（1）首先要弄清你所要租住的房屋有没有"房屋所有权证"、"房屋租赁许可证"，出租人是不是房子的真正主人。如果是通过房屋中介租房，一定要寻找信誉好的中介。对于房产权不确定或存在产权纠纷的房屋，千万不要去租赁；对于危房和违章建筑，也不要去租赁；

（2）租房前要谈好条件，比如在什么时候交多少房租，一次性交的房租越少越好。要谈清楚房子的其他费用如水电费、物业管理费、暖气费等是否包括在房租内；

（3）双方谈好条件后要签订房屋租赁合同，把所有的条件都写明，双方签字生效，并到房管部门登记备案，以最大限度地保护自己的合法权益；

（4）在租房时，除了考虑价格因素之外，还要考虑交通、安全、邻里关系等多种因素。

另外，还要注意房子结构是否安全，有没有通风窗户，门窗是否结实，电、水及煤气管线是否老化。改动或装修所租住的房屋，一定要征得房主的同意。

特别要说明的是，当租赁期未到时，房主要收回出租的房屋，你完全有权拒绝退房，房主不能采取强制手段收回。如果租赁期已到，你有困难暂时不能退房时，双方可以协商解决，或者房主可以向有关部门申请解决，但是同样不能自行采取强制手段收回。

小王由于房子到期，通过一房屋租赁中介公司，找了一处出租房，同时支付了 80 元的看房费。小王感觉房子还不错，第二天就和房东签订了租赁合同，并缴纳了一个季度的房租 1000 元，外带押金 200 元。房东让小王在 2005 年 12 月 29 日再搬去住。谁知，小王 12 月 29 日去时，房东正在粉刷房屋。他说要把房子好好收拾一下，让小王 2006 年 1 月 1 日再来。小王见说得有理就同意了。可是小王 1 日带着部分行李去"新家"时，房东还在住着，丝毫没有要搬走的意思。急着入住的小王见状，提出要解除租赁合同，并要求退还租金和押金，可对方就是赖着不给，让小王再等等。可是等到 4 日，仍旧没有信儿。小王现在住的房子已经到期了，由于新租的房子还没有到位，现在的房东已宽限了几天，如果再搬不进去，那小王就得露宿街头了。随后，小王找到了那家中介公司。可中介说房子也看过了，合同也签好了，出现延期交房的问题不关他们的事，得和房东协商解决。无奈之下，小王报了警，但是民警解释说这属于经济纠纷，要去法院起诉。小王非常着急，这钱啥时才能要回来。

案例评析

租房最重要的是要综合考察，慎重考虑。

（二）警惕路边骗局

路边骗局都带有诈骗性质，如引诱路人下残局象棋，猜扣碗内的扑克（或其他物品）点数，假装捡拾钱包与你平分，兜售假古董等，这些骗局一般都有假装不认识的同伙（俗称"托儿"）参与。这些"托儿"一般都能占到便宜赢到钱。所以千万不要因为看到"托儿"占了便宜而去参与，以免上当受骗。

（三）公用电话的使用

城市街头有各种各样的公用电话亭，任何人都可以利用电话卡打市内或长途电话。街头的小店和报刊摊都有电话卡卖，面值有10元、20元、30元、50元、100元等，可以根据自己的需要购买。使用公用电话亭的电话时，可按照电话机上的说明操作。

需要特别提示的是，114查询电话费比市话高，所以要尽量少用和短用。要去正规的摊点购买电话卡，以免受骗上当。避免打电话点歌、聊天等，因为这些电话费比打长途电话还要贵。

（四）到城市医院看病

到城市医院看病，一定要到卫生部门办的正规医院。医院的门诊大厅一般都有服务台，可以先到服务台向医护人员说明自己哪里不舒服，问清楚需要挂哪个科的号，然后再到挂号处挂号。如果有急症，比如发高烧、严重腹泻或者发生了严重外伤，可直接到医院的急诊室就诊。

（五）预防火灾

（1）提高防火意识。一到陌生地方，就及时了解、熟悉当地的工作、生活环境，以及防火自救的办法；

（2）不要躺在床上吸烟，不要乱扔烟蒂；

（3）要防止易燃品与高温设备表面接触，搬运盛有可燃气体或液体的铁桶、气瓶（如煤气罐）时要轻搬轻放；

（4）严格按照规定使用生活电器设备，使用完毕后应及时切断电源。

如果发生火灾，无论什么情况都要保持冷静，马上拨打"119"火警电话，并迅速判断出危险处和安全地点，果断采取必要的自救措施或扑灭。如果火势难以控制，应尽快撤离险境。

拨打火警"119"报警时，应说明失火的详细地址、周围的显著标志、燃烧物、火势大小。

如果在大楼里遇到火灾可以采取以下办法逃生：

（1）房门外火势太大无法逃出房间时，要把门关严，用湿毛巾把门缝堵严；

（2）楼层低的房间，可以利用床单、被罩结绳从窗外滑行；

（3）可以利用通讯工具寻求援助，或者往窗外扔东西以引起救援人员的注意；

（4）要用湿毛巾捂住鼻、口，防止窒息；

（5）高层楼的房间，有机会往外逃生，一定要往下层走，并且弯腰或匍匐行走；

（6）在一、二层房间可以选择比较安全的地点跳楼逃生。

切忌乘电梯逃生，或者往死角里躲，更不要为寻找房间里贵重物品而耽误时间。

（六）安全用电

（1）严格按照电器使用说明使用电器；

（2）在使用电器时，应先插电源插头，后开电器开关。用完电器后，应先关掉电器开关，后拔电源插头。严禁身体直接接触导体，不得硬拉电线；

（3）湿手不要接触带电设备，不要用湿布接触带电设备，不要把湿手帕挂在电风扇或电热取暖器上；

（4）带金属外壳的可移动电器，应使用三芯塑料护套线或三眼插座、三脚插头。插座内务必安装接地线，但不要把接地线接到自来水管或煤气管上；

（5）不要在电线上悬挂各种铁器、家具以及干菜等物品或晾晒衣物；

（6）遇到电器设备冒火，原因不明时千万不要用手拔掉插头或拉闸刀，应用绝缘物拔掉插头或断开闸刀，先切断电源再灭火；

（7）发现电线断落，无论带电与否，都应视为带电，应与其保持足够的距离，并及时报告有关部门。发现有人触电，不能直接接触触电者，应用干木棒或其他绝缘物将电源线挑开，使触电者脱离电源。

（七）防止煤气中毒

使用煤炉或煤气，最要紧的是做好排气通畅，千万不能心存侥幸。

一旦发现有人煤气中毒，救护者应在室外大吸一口空气，用湿毛巾捂住鼻子嘴巴，进入室内应先打开门窗，再关掉煤气开关。注意千万不要开电灯或使用打火机、火柴等，以防爆炸。应尽快将患者移至空气新鲜和通风良好的地方展开救治。

当自己感到煤气中毒时，不要慌张，应迅速打开门窗，关闭煤气，撤离现场，如无力打开门窗，可砸开门窗玻璃等，使之通风，并呼叫求援。

（八）防止食物中毒

在饮食中一定要注意：

（1）养成良好的卫生习惯，饭前要洗手；

（2）不要图便宜而购买无照商贩的食品；

（3）不要吃污染、变质、霉烂的食物，有些食物一定要煮熟才能吃，比如扁豆、鲜黄花菜等，不是纯净的生水不要直接喝；

（4）合理安排饮食，荤素搭配，不要暴饮暴食，不要酗酒。

食物中毒发生后，要尽快采取措施：如对刚吃进去的毒物，要尽快催吐，排除毒物，阻止毒物的吸收；如误食毒物已久，应采取措施促进毒物尽快排泄，根据病情作必要的治疗和对症处理；对重症患者进行特殊治疗，如洗胃、清肠。

（九）钱物被偷后怎么办

外出打工都想一帆风顺，顺顺当当，不出任何事情，但城市环境复杂，人口众多，我们短时间内根本无法全部了解，生活中难免会遇到不顺利的事情，辛辛苦苦挣来的钱可能被人偷走。一旦遇到这种情况，该怎么办呢？

如果是在自己的宿舍或者租来的房子里，丢失钱财，应该注意保护好现场，不可乱动东西，同时立刻到居住地点的公安部门报案求助。公安人员调查期间，要积极配合，详细真实地提供情报，以求尽快破案。如果怀疑是某人偷的，也可以告诉公安人员，请他们调查核实，但自己千万不可私自去问，更不能找来老乡帮忙，质问对方，甚至殴打要挟对方。

如果是在商场被盗，应该首先寻找自己周围是否有可疑人员，如果有，就马上呼叫自己被偷，请周围群众或商场保安人员帮忙抓住这个人，并送到附近的公安机关。

如果在公共汽车上被盗，要向车上的售票员求助，如果在火车上被盗，要求助于车上的乘务员和乘警，他们会为你提供相应的帮助。

尽管被盗后，有各种措施补救，但有可能还是找不回来钱，因此，最好的办法是做好防盗。有钱不要放在家里，要存到银行，存折一定要设密码，这样小偷偷了存折也没办法取钱；出门买东西，要把钱装好看好，防止被盗。

一旦被盗了，钱找不回来了，也不要哭天抢地，放宽心，"破财消灾"，打起精神来，吸取教训，继续开始新生活。

（十）找不到工作，钱花光了怎么办

进城务工如果钱花光了，还没有找到工作，身边又没有亲戚、朋友和老乡，走投无路，可以找当地的救助站。找救助站的方法是：可以找警察、城管人员或打"110"报警电话，说明自己的姓名、身份，说明自己遇到的困难，请求帮助。他们会告诉你怎么找到就近的救助站。

救助站只救助那些在当地没有生活来源、没有亲戚投靠、没有工作而在城市流浪乞讨度日的人员。救助站只是救急的场所，并不提供工作机会，所以不能解决根本问题。

思考与问答

1. 结合实际，谈谈自己在城市生活中怎样做到行为文明。
2. 在城市生活中，需要了解哪些交通知识？
3. 哪些行为是违反社会治安管理规定的？
4. 如果准备租房，应注意哪些事项？
5. 如果你进城务工时生病了，你将怎么办？
6. 如果遇到火灾，你该怎么办？

附录一 中华人民共和国劳动法

第一章 总 则

第一条 为了保护劳动者的合法权益，调整劳动关系，建立和维护适应社会主义市场经济的劳动制度，促进经济发展和社会进步，根据宪法，制定本法。

第二条 在中华人民共和国境内的企业、个体经济组织（以下统称用人单位）和与之形成劳动关系的劳动者，适用本法。

第三条 劳动者享有平等就业和选择职业的权利、取得劳动报酬的权利、休息休假的权利、获得劳动安全卫生保护的权利、接受职业技能培训的权利、享受社会保险和福利的权利、提请劳动争议处理的权利以及法律规定的其他劳动权利。

劳动者应当完成劳动任务，提高职业技能，执行劳动安全卫生规程，遵守劳动纪律和职业道德。

第四条 用人单位应当依法建立和完善规章制度，保障劳动者享有劳动权利和履行劳动义务。

第五条 国家采取各种措施，促进劳动就业，发展职业教育，制定劳动标准，调节社会收入，完善社会保险，协调劳动关系，逐步提高劳动者的生活水平。

第六条 国家提倡劳动者参加社会主义义务劳动，开展劳动竞赛和合理化建议活动，鼓励和保护劳动者进行科学研究、技术革新和发明创造，表彰和奖励劳动模范和先进工作者。

第七条 劳动者有权依法参加和组织工会。

工会代表和维护劳动者的合法权益，依法独立自主地开展活动。

第八条 劳动者依照法律规定，通过职工大会、职工代表大会或者其他形式，参与民主管理或者就保护劳动合法权益与用人单位进行平等协商。

第九条　国务院劳动行政部门主管全国劳动工作。

县级以上地方人民政府劳动行政部门主管本行政区域内的劳动工作。

第二章　促进就业

第十条　国家通过促进经济和社会发展，创造就业条件，扩大就业机会。

国家鼓励企业、事业组织、社会团体在法律、行政法规规定的范围内兴办产业或者拓展经营，增加就业。

国家支持劳动者自愿组织起来就业和从事个体经营实现就业。

第十一条　地方各级人民政府应当采取措施，发展多种类型的职业介绍机构，提供就业服务。

第十二条　劳动者就业，不因民族、种族、性别、宗教信仰不同而受歧视。

第十三条　妇女享有与男子平等的就业权利。在录用职工时，除国家规定的不适合妇女的工种或者岗位外，不得以性别为由拒绝录用妇女或者提高对妇女的录用标准。

第十四条　残疾人、少数民族人员、退出现役的军人的就业，法律、法规有特别规定的，从其规定。

第十五条　禁止用人单位招用未满 16 岁的未成年人，必须依照国家有关规定，履行审批手续，并保障其接受义务教育的权利。

第三章　劳动合同和集体合同

第十六条　劳动合同是劳动者与用人单位确立劳动关系、明确双方权利和义务的协议。

建立劳动关系应当订立劳动合同。

第十七条　订立和变更劳动合同，应当遵循平等自愿、协商一致的原则，不得违反法律、行政法规的规定。

劳动合同依法订立即具有法律约束力，当事人必须履行劳动合同规定的义务。

第十八条 下列劳动合同无效：

（一）违反法律、行政法规的劳动合同；

（二）采取欺诈、威胁等手段订立的劳动合同。

无效的劳动合同，从订立的时候起，就没有法律约束力。确认劳动合同部分无效的，如果不影响其余部分的效力，其余部分仍然有效。

劳动合同的无效，由劳动争议仲裁委员会或者人民法院确认。

第十九条 劳动合同应当以书面形式订立，并具备以下条款：

（一）劳动合同期限；

（二）工作内容；

（三）劳动保护和劳动条件；

（四）劳动报酬；

（五）劳动纪律；

（六）劳动合同终止的条件；

（七）违反劳动合同的责任。

劳动合同除前款规定的必备条款外，当事人可以协商约定其他内容。

第二十条 劳动合同的期限分为有固定期限、无固定期限和以完成一定的工作为期限。

劳动者在同一用人单位连续工作满 10 年以上，当事人双方同意续延劳动合同的，如果劳动者提出订立无固定限期的劳动合同，应当订立无固定限期的劳动合同。

第二十一条 劳动合同可以约定试用期。试用期最长不得超过 6 个月。

第二十二条 劳动合同当事人可以在劳动合同中约定保守用人单位商业秘密的有关事项。

第二十三条 劳动合同期满或者当事人约定的劳动合同终止条件出现，劳动合同即行终止。

第二十四条 经劳动合同当事人协商一致，劳动合同可以解除。

第二十五条 劳动者有下列情形之一的，用人单位可以解除劳动合同：

（一）在试用期间被证明不符合录用条件的；

（二）严重违反劳动纪律或者用人单位规章制度的；

（三）严重失职、营私舞弊，对用人单位利益造成重大损害的；

（四）被依法追究刑事责任的。

第二十六条 有下列情形之一的，用人单位可以解除劳动合同，但是应当提前 30 日以书面形式通知劳动者本人：

（一）劳动者患病或者非因工负伤，医疗期满后，不能从事原工作也不能从事由用人单位另行安排的工作的；

（二）劳动者不能胜任工作，经过培训或者调整工作岗位，仍不能胜任工作的；

（三）劳动合同订立时所依据的客观情况发生重大变化，致使原劳动合同无法履行，经当事人协商不能就变更劳动合同达成协议的。

第二十七条 用人单位濒临破产进行法定整顿期间或者生产经营状况发生严重困难，确需裁减人员的，应当提前 30 日向工会或者全体员工说明情况，听取工会或者职工的意见，经向劳动行政部门报告后，可以裁减人员。

用人单位依据本条规定裁减人员，在 6 个月内录用人员的，应当优先录用被裁减人员。

第二十八条 用人单位依据本法第二十四条、第二十六条、第二十七条的规定解除劳动合同的，应当依照国家有关规定给予经济补偿。

第二十九条 劳动者有下列情形之一的，用人单位不得依据本法第二十六条、第二十七条的规定解除劳动合同：

（一）患职业病或者因工负伤并被确认丧失或者部分丧失劳动能力的；

（二）患病或者负伤，在规定的医疗期内的；

（三）女职工在孕期、产期、哺乳期的；

（四）法律、行政法规规定的其他情形。

第三十条 用人单位解除劳动合同，工会认为不适当的，有权提出意见。如果用人单位违反法律、法规或者劳动合同，工会有权要求重新处理；劳动者申请仲裁或者提起诉讼的，工会应当依法给予支持和帮助。

第三十一条 劳动者解除劳动合同，应当提前三十日以书面形式通知用人单位。

第三十二条 有下列情形之一的，劳动者可以随时通知用人单位解除劳动合同：

（一）在试用期内的；

（二）用人单位以暴力、威胁或者非法限制人身自由的手段强迫劳动的；

（三）用人单位未按照劳动合同约定支付劳动报酬或者提供劳动条

件的。

第三十三条　企业职工一方与企业可以就劳动报酬、工作时间、体息休假、劳动安全卫生、保险福利等事项，签订集体合同。集体合同草案应当提交职工代表大会或者全体职工讨论通过。

集体合同由工会代表职工与企业签订；没有建立工会的企业，由职工推举的代表与企业签订。

第三十四条　集体合同签订后应当报送劳动行政部门；劳动行政部门自收到集体合同文本之日起 15 日内未提出异议的，集体合同即行生效。

第三十五条　依法签订的集体合同对企业和企业全体职工具有约束力。职工个人与企业订立的劳动合同中劳动条件和劳动报酬等标准不得低于集体合同的规定。

第四章　工作时间和休息休假

第三十六条　国家实行劳动者每日工作时间不超过 8 小时、平均每周工作时间不超过 44 小时的工时制度。

第三十七条　对实行计件工作的劳动者，用人单位应当根据本法第三十六条规定的工时制度合理确定其劳动定额和计件报酬标准。

第三十八条　用人单位应当保证劳动者每周至少休息 1 日。

第三十九条　企业因生产特点不能实行本法第三十六条、第三十八条规定的，经劳动行政部门批准，可以实行其他工作和休息办法。

第四十条　用人单位在下列节日期间应当依法安排劳动者休假：

（一）元旦；

（二）春节；

（三）国际劳动节；

（四）国庆节；

（五）法律、法规规定的其他休假节日。

第四十一条　用人单位由于生产经营需要，经与工会和劳动者协商后可以延长工作时间，一般每日不得超过 1 小时；因特殊原因需要延长工作时间的在保障劳动者身体健康的条件下延长工作时间每日不得超过 3 小时，但是每月不得超过 36 小时。

第四十二条 有下列情形之一的，延长工作时间不受本法第四十一条规定的限制：

（一）发生自然灾害、事故或者因其他原因，威胁劳动者生命健康和财产安全，需要紧急处理的；

（二）生产设备、交通运输线路、公共设施发生故障，影响生产和公众利益，必须及时抢修的；

（三）法律、行政法规规定的其他情形。

第四十三条 用人单位不得违反本法规定延长劳动者的工作时间。

第四十四条 有下列情形之一的，用人单位应当按照下列标准支付高于劳动者正常工作时间工资的工资报酬：

（一）安排劳动者延长时间的，支付不低于工资的百分之一百五十的工资报酬；

（二）休息日安排劳动者工作又不能安排补休的，支付不低于工资的百分之二百的工资报酬；

（三）法定休假日安排劳动者工作的，支付不低于工资的百分之三百的工资报酬。

第四十五条 国家实行带薪年休假制度。

劳动者连续工作1年以上的，享受带薪年休假。具体办法由国务院规定。

第五章 工 资

第四十六条 工资分配应当遵循按劳分配原则，实行同工同酬。

工资水平在经济发展的基础上逐步提高。国家对工资总量实行宏观调控。

第四十七条 用人单位根据本单位的生产经营特点和经济效益，依法自主确定本单位的工资分配方式和工资水平。

第四十八条 国家实行最低工资保障制度。最低工资的具体标准由省、自治区、直辖市人民政府规定，报国务院备案。

第四十九条 确定和调整最低工资标准应当综合参考下列因素：

（一）劳动者本人及平均赡养人口的最低生活费用；

（二）社会平均工资水平；

（三）劳动生产率；

（四）就业状况；

（五）地区之间经济发展水平的差异。

第五十条 工资应当以货币形式按月支付给劳动者本人。不得克扣或者无故拖欠劳动者的工资。

第五十一条 劳动者在法定休假日和婚丧假期间以及依法参加社会活动期间，用人单位应当依法支付工资。

第六章　劳动安全卫生

第五十二条 用人单位必须建立、健全劳动卫生制度，严格执行国家劳动安全卫生规程和标准，对劳动者进行劳动安全卫生教育，防止劳动过程中的事故，减少职业危害。

第五十三条 劳动安全卫生设施必须符合国家规定的标准。新建、改建、扩建工程的劳动安全卫生设施必须与主体工程同时设计、同时施工、同时投入生产和使用。

第五十四条 用人单位必须为劳动者提供符合国家规定的劳动安全卫生条件和必要的劳动防护用品，对从事有职业危害作业的劳动者应当定期进行健康检查。

第五十五条 从事特种作业的劳动者必须经过专门培训并取得特种作业资格。

第五十六条 劳动者在劳动过程中必须严格遵守安全操作规程。

劳动者对用人单位管理人员违章指挥、强令冒险作业，有权拒绝执行；对危害生命安全和身体健康的行为，有权提出批评、检举和控告。

第五十七条 国家建立伤亡和职业病统计报告和处理制度。县级以上各级人民政府劳动行政部门、有关部门和用人单位应当依法对劳动者在劳动过程中发生的伤亡事故和劳动者的职业病状况，进行统计、报告和处理。

第七章　女职工和未成年工特殊保护

第五十八条 国家对女职工和未成年工实行特殊劳动保护。未成年工是指年满 16 周岁未满 18 周岁的劳动者。

第五十九条 禁止安排女职工从事矿山井下、国家规定的第四级体力劳动强度的劳动和其他禁忌从事的劳动。

第六十条 不得安排女职工在经期从事高处、低温、冷水作业和国家规定的第三级体力劳动强度的劳动。

第六十一条 不得安排女职工在怀孕期间从事国家规定的第三级体力劳动强度的劳动和孕期禁忌从事的劳动。对怀孕 7 个月以上的女职工，不得安排其延长工作时间和夜班劳动。

第六十二条 女职工生育享受不少于 90 天的产假。

第六十三条 不得安排女职工在哺乳未满 1 周岁的婴儿期间从事国家规定的第三级体力劳动强度的劳动和哺乳期禁忌从事的其他劳动，不得安排其延长工作时间和夜班劳动。

第六十四条 不得安排未成年工从事矿山井下、有毒有害、国家规定的第四级体力劳动强度的劳动和其他禁忌从事的劳动。

第六十五条 用人单位应当对未成年工定期进行健康检查。

第八章 职业培训

第六十六条 国家通过各种途径，采取各种措施，发展职业培训事业，开发劳动者的职业技能，提高劳动者素质，增强劳动者的就业能力和工作能力。

第六十七条 各级人民政府应当把发展职业培训纳入社会经济发展的规划，鼓励和支持有条件的企业、事业组织、社会团体和个人进行各种形式的职业培训。

第六十八条 用人单位应当建立职业培训制度，按照国家规定提取和使用职业培训经费，根据本单位实际，有计划地对劳动者进行职业培训。

从事技术工种的劳动者，上岗前必须经过培训。

第六十九条 国家确定职业分类，对规定的职业制度职业技能标准，实行职业资格证书制度，由经过政府批准的考核鉴定机构负责对劳动者实施职业技能考核鉴定。

第九章　社会保险和福利

第七十条　国家发展社会保险，建立社会保险制度，设立社会保险基金，使劳动者在年老、患病、工伤、失业、生育等情况下获得帮助和补偿。

第七十一条　社会保险水平应当与社会经济发展水平和社会承受能力相适应。

第七十二条　社会保险基金按照保险类型确定资金来源，逐步实行社会统筹。用人单位和劳动者必须依法参加社会保险，缴纳社会保险费。

第七十三条　劳动者在下列情形下，依法享受社会保险待遇：

（一）退休；

（二）患病；

（三）因工伤残或者患职业病；

（四）失业；

（五）生育。

劳动者死亡后，其遗属依法享受遗属津贴。劳动者享受社会保险待遇的条件和标准由法律、法规规定。劳动者享受的社会保险金必须按时足额支付。

第七十四条　社会保险基金经办机构依照法律规定收支、管理和运营社会保险基金，并负有使社会保险基金保值增值的责任。

社会保险基金监督机构依照法律规定，对社会保险基金的收支、管理和运营实施监督。

社会保险基金经办机构和社会保险基金监督机构的设立和职能由法律规定。

任何组织和个人不得挪用社会保险基金。

第七十五条　国家鼓励用人单位根据本单位实际情况为劳动者建立补充保险。

国家提倡劳动者个人进行储蓄性保险。

第七十六条　国家发展社会福利事业，兴建公共福利设施，为劳动者休息、修养和疗养提供条件。

用人单位应当创造条件，改善集体福利，提高劳动者的福利待遇。

第十章 劳动争议

第七十七条 用人单位与劳动者发生劳动争议，当事人可以依法申请调解、仲裁、提起诉讼，也可以协商解决。

调解原则适用于仲裁和诉讼程序。

第七十八条 解决劳动争议，应当根据合法、公正、及时处理的原则，依法维护劳动争议当事人的合法权益。

第七十九条 劳动争议发生后，当事人可以向本单位劳动争议调解委员会申请调解；调解不成，当事人一方要求仲裁的，可以向劳动争议仲裁委员会申请仲裁。当事人一方也可以直接向劳动争议仲裁委员会申请仲裁。对仲裁裁决不服的，可以向人民法院提出诉讼。

第八十条 在用人单位内，可以设立劳动争议调解委员会。劳动争议调解委员会由职工代表、用人单位代表和工会代表组成。劳动争议调解委员会主任由工会代表担任。

劳动争议经调解达成协议的，当事人应当履行。

第八十一条 劳动争议仲裁委员会由劳动行政部门代表、同级工会代表、用人单位代表方面的代表组成。劳动争议仲裁委员会主任由劳动行政部门代表担任。

第八十二条 提出仲裁要求的一方应当自劳动争议发生之日起60日内向劳动争议仲裁委员会提出书面申请。仲裁裁决一般应在收到仲裁申请的60日内作出。对仲裁裁决无异议的，当事人必须履行。

第八十三条 劳动争议当事人对仲裁裁决不服的，可以自收到仲裁裁决书之日起15日内向人民法院提起诉讼。一方当事人在法定期限内不起诉又不履行仲裁裁决的，另一方当事人可以申请强制执行。

第八十四条 因签订集体合同发生争议，当事人协商解决不成的，当地人民政府劳动行政部门可以组织有关各方协调处理。

因履行集体合同发生争议，当事人协商解决不成的，可以向劳动争议仲裁委员会申请仲裁；对仲裁裁决不服的，可以自收到仲裁裁决书之日起15日内向人民法院提出诉讼。

第十一章　监督检查

第八十五条　县级以上各级人民政府劳动行政部门依法对用人单位遵守劳动法律、法规的情况进行监督检查，对违反劳动法律、法规的行为有权制止，并责令改正。

第八十六条　县级以上各级人民政府劳动行政部门监督检查人员执行公务，有权进入用人单位了解执行劳动法律、法规的情况，查阅必要的资料，并对劳动场所进行检查。

县级以上各级人民政府劳动行政部门监督检查人员执行公务，必须出示证件，秉公执法并遵守有关规定。

第八十七条　县级以上各级人民政府有关部门在各自职责范围内，对用人单位遵守劳动法律、法规的情况进行监督。

第八十八条　各级工会依法维护劳动者的合法权益，对用人单位遵守劳动法律、法规的情况进行监督。

任何组织和个人对于违反劳动法律、法规的行为有权检举和控告。

第十二章　法律责任

第八十九条　用人单位制定的劳动规章制度违反法律、法规规定的，由劳动行政部门给予警告，责令改正；对劳动者造成损害的，应当承担赔偿责任。

第九十条　用人单位违反本法律规定，延长劳动者工作时间的，由劳动行政部门给予警告，责令改正，并可以处以罚款。

第九十一条　用人单位有下列侵害劳动者合法权益情形之一的，由劳动行政部门责令支付劳动者的工资报酬、经济补偿，并可以责令支付赔偿金：

（一）克扣或者无故拖欠劳动者工资的；

（二）拒不支付劳动者延长工作时间工资报酬的；

（三）低于当地最低工资标准支付劳动者工资的；

（四）解除劳动合同后，未依照本法规定给予劳动者经济补偿的。

第九十二条 用人单位的劳动安全设施和劳动卫生条件不符合国家规定或者未向劳动者提供必要的劳动防护用品和劳动保护设施的，由劳动行政部门或者有关部门责令改正，可以处以罚款；情节严重的，提请县级以上人民政府决定责令停产整顿；对事故隐患不采取措施，致使发生重大事故，造成劳动者生命和财产损失的，对责任人员比照刑法第一百八十七条的规定追究刑事责任。

第九十三条 用人单位强令劳动者违章冒险作业，发生重大伤亡事故，造成严重后果的，对责任人员依法追究刑事责任。

第九十四条 用人单位非法招用未满16周岁的未成年人的，由劳动行政部门责令改正，处以罚款；情节严重的，由工商行政管理部门吊销营业执照。

第九十五条 用人单位违反本法对女职工和未成年工的保护规定，侵害其合法权益的，由劳动行政部门责令改正，处以罚款；对女职工或者未成年工造成损害的，应当承担赔偿责任。

第九十六条 用人单位有下列行为之一，由公安机关对责任人员处以15日以下拘留、罚款或者警告；构成犯罪的，对责任人员依法追究刑事责任：

（一）以暴力、威胁或者非法限制人身自由的手段强迫劳动的；

（二）侮辱、体罚、殴打、非法搜查和拘禁劳动者的。

第九十七条 由于用人单位的原因订立的无效合同，对劳动者造成损害的，应当承担赔偿责任。

第九十八条 用人单位违反本法规定的条件解除劳动合同或者故意拖延不订立劳动合同的，由劳动行政部门责令改正；对劳动者造成损害的，应当承担赔偿责任。

第九十九条 用人单位招用尚未解除劳动合同的劳动者，对原用人单位造成经济损失的，该用人单位应当依法承担连带赔偿责任。

第一百条 用人单位无故不缴纳社会保险费的，由劳动行政部门责令其限期缴纳；逾期不缴的，可以加收滞纳金。

第一百零一条 用人单位无理阻挠劳动行政部门、有关部门及其工作人员行使监督检查权，打击报复举报人员的，由劳动行政部门或者有关部门处以罚款；构成犯罪的，对责任人员依法追究刑事责任。

第一百零二条 劳动者违反本法规定的条件解除劳动合同或者违反劳

动合同中约定的保密事项，对用人单位造成经济损失的，应当依法承担赔偿责任。

第一百零三条 劳动行政部门或者有关部门的工作人员滥用职权、玩忽职守、徇私舞弊，构成犯罪的，依法追究刑事责任；不构成犯罪的，给予行政处分。

第一百零四条 国家工作人员和社会保险基金经办机构的工作人员挪用社会保险基金，构成犯罪的，依法追究刑事责任。

第一百零五条 违反本法规定侵害劳动者合法权益，其他法律、行政法规已规定处罚的，依照该法律、行政法规的规定处罚。

第十三章　附　则

第一百零六条 省、自治区、直辖市人民政府根据本法和本地区的实际情况，规定劳动合同制度的实施步骤，报国务院备案。

第一百零七条 本法自 1995 年 1 月 1 日起施行。

附录二　中华人民共和国劳动合同法

第一章　总　则

第一条　为了完善劳动合同制度，明确劳动合同双方当事人的权利和义务，保护劳动者的合法权益，构建和发展和谐稳定的劳动关系，制定本法。

第二条　中华人民共和国境内的企业、个体经济组织、民办非企业单位等组织（以下称用人单位）与劳动者建立劳动关系，订立、履行、变更、解除或者终止劳动合同，适用本法。

国家机关、事业单位、社会团体和与其建立劳动关系的劳动者，订立、履行、变更、解除或者终止劳动合同，依照本法执行。

第三条　订立劳动合同，应当遵循合法、公平、平等自愿、协商一致、诚实信用的原则。

依法订立的劳动合同具有约束力，用人单位与劳动者应当履行劳动合同约定的义务。

第四条　用人单位应当依法建立和完善劳动规章制度，保障劳动者享有劳动权利、履行劳动义务。

用人单位在制定、修改或者决定有关劳动报酬、工作时间、休息休假、劳动安全卫生、保险福利、职工培训、劳动纪律以及劳动定额管理等直接涉及劳动者切身利益的规章制度或者重大事项时，应当经职工代表大会或者全体职工讨论，提出方案和意见，与工会或者职工代表平等协商确定。

在规章制度和重大事项决定实施过程中，工会或者职工认为不适当的，有权向用人单位提出，通过协商予以修改完善。

用人单位应当将直接涉及劳动者切身利益的规章制度和重大事项决定公示，或者告知劳动者。

第五条　县级以上人民政府劳动行政部门会同工会和企业方面代表，

建立健全协调劳动关系三方机制，共同研究解决有关劳动关系的重大问题。

第六条 工会应当帮助、指导劳动者与用人单位依法订立和履行劳动合同，并与用人单位建立集体协商机制，维护劳动者的合法权益。

第二章 劳动合同的订立

第七条 用人单位自用工之日起即与劳动者建立劳动关系。用人单位应当建立职工名册备查。

第八条 用人单位招用劳动者时，应当如实告知劳动者工作内容、工作条件、工作地点、职业危害、安全生产状况、劳动报酬，以及劳动者要求了解的其他情况；用人单位有权了解劳动者与劳动合同直接相关的基本情况，劳动者应当如实说明。

第九条 用人单位招用劳动者，不得扣押劳动者的居民身份证和其他证件，不得要求劳动者提供担保或者以其他名义向劳动者收取财物。

第十条 建立劳动关系，应当订立书面劳动合同。

已建立劳动关系，未同时订立书面劳动合同的，应当自用工之日起一个月内订立书面劳动合同。

用人单位与劳动者在用工前订立劳动合同的，劳动关系自用工之日起建立。

第十一条 用人单位未在用工的同时订立书面劳动合同，与劳动者约定的劳动报酬不明确的，新招用的劳动者的劳动报酬按照集体合同规定的标准执行；没有集体合同或者集体合同未规定的，实行同工同酬。

第十二条 劳动合同分为固定期限劳动合同、无固定期限劳动合同和以完成一定工作任务为期限的劳动合同。

第十三条 固定期限劳动合同，是指用人单位与劳动者约定合同终止时间的劳动合同。

用人单位与劳动者协商一致，可以订立固定期限劳动合同。

第十四条 无固定期限劳动合同，是指用人单位与劳动者约定无确定终止时间的劳动合同。

用人单位与劳动者协商一致，可以订立无固定期限劳动合同。有下列情形之一，劳动者提出或者同意续订、订立劳动合同的，除劳动者提出订立固定期限劳动合同外，应当订立无固定期限劳动合同：

（一）劳动者在该用人单位连续工作满十年的；

（二）用人单位初次实行劳动合同制度或者国有企业改制重新订立劳动合同时，劳动者在该用人单位连续工作满十年且距法定退休年龄不足十年的；

（三）连续订立二次固定期限劳动合同，且劳动者没有本法第三十九条和第四十条第一项、第二项规定的情形，续订劳动合同的。

用人单位自用工之日起满一年不与劳动者订立书面劳动合同的，视为用人单位与劳动者已订立无固定期限劳动合同。

第十五条 以完成一定工作任务为期限的劳动合同，是指用人单位与劳动者约定以某项工作的完成为合同期限的劳动合同。

用人单位与劳动者协商一致，可以订立以完成一定工作任务为期限的劳动合同。

第十六条 劳动合同由用人单位与劳动者协商一致，并经用人单位与劳动者在劳动合同文本上签字或者盖章生效。

劳动合同文本由用人单位和劳动者各执一份。

第十七条 劳动合同应当具备以下条款：

（一）用人单位的名称、住所和法定代表人或者主要负责人；

（二）劳动者的姓名、住址和居民身份证或者其他有效身份证件号码；

（三）劳动合同期限；

（四）工作内容和工作地点；

（五）工作时间和休息休假；

（六）劳动报酬；

（七）社会保险；

（八）劳动保护、劳动条件和职业危害防护；

（九）法律、法规规定应当纳入劳动合同的其他事项。

劳动合同除前款规定的必备条款外，用人单位与劳动者可以约定试用期、培训、保守秘密、补充保险和福利待遇等其他事项。

第十八条 劳动合同对劳动报酬和劳动条件等标准约定不明确，引发争议的，用人单位与劳动者可以重新协商；协商不成的，适用集体合同规定；没有集体合同或者集体合同未规定劳动报酬的，实行同工同酬；没有集体合同或者集体合同未规定劳动条件等标准的，适用国家有关规定。

第十九条 劳动合同期限三个月以上不满一年的，试用期不得超过一个月；劳动合同期限一年以上不满三年的，试用期不得超过两个月；三年以上固定期限和无固定期限的劳动合同，试用期不得超过六个月。

同一用人单位与同一劳动者只能约定一次试用期。

以完成一定工作任务为期限的劳动合同或者劳动合同期限不满三个月的，不得约定试用期。

试用期包含在劳动合同期限内。劳动合同仅约定试用期的，试用期不成立，该期限为劳动合同期限。

第二十条 劳动者在试用期的工资不得低于本单位相同岗位最低档工资或者劳动合同约定工资的百分之八十，并不得低于用人单位所在地的最低工资标准。

第二十一条 在试用期中，除劳动者有本法第三十九条和第四十条第一项、第二项规定的情形外，用人单位不得解除劳动合同。用人单位在试用期解除劳动合同的，应当向劳动者说明理由。

第二十二条 用人单位为劳动者提供专项培训费用，对其进行专业技术培训的，可以与该劳动者订立协议，约定服务期。

劳动者违反服务期约定的，应当按照约定向用人单位支付违约金。违约金的数额不得超过用人单位提供的培训费用。用人单位要求劳动者支付的违约金不得超过服务期尚未履行部分所应分摊的培训费用。

用人单位与劳动者约定服务期的，不影响按照正常的工资调整机制提高劳动者在服务期期间的劳动报酬。

第二十三条 用人单位与劳动者可以在劳动合同中约定保守用人单位的商业秘密和与知识产权相关的保密事项。

对负有保密义务的劳动者，用人单位可以在劳动合同或者保密协议中与劳动者约定竞业限制条款，并约定在解除或者终止劳动合同后，在竞业限制期限内按月给予劳动者经济补偿。劳动者违反竞业限制约定的，应当按照约定向用人单位支付违约金。

第二十四条 竞业限制的人员限于用人单位的高级管理人员、高级技术人员和其他负有保密义务的人员。竞业限制的范围、地域、期限由用人单位与劳动者约定，竞业限制的约定不得违反法律、法规的规定。

在解除或者终止劳动合同后，前款规定的人员到与本单位生产或者经营同类产品、从事同类业务的有竞争关系的其他用人单位，或者自己开业生产或者经营同类产品、从事同类业务的竞业限制期限，不得超过二年。

第二十五条 除本法第二十二条和第二十三条规定的情形外，用人单位不得与劳动者约定由劳动者承担违约金。

第二十六条 下列劳动合同无效或者部分无效：

（一）以欺诈、胁迫的手段或者乘人之危，使对方在违背真实意思的情况下订立或者变更劳动合同的；

（二）用人单位免除自己的法定责任、排除劳动者权利的；

（三）违反法律、行政法规强制性规定的。

对劳动合同的无效或者部分无效有争议的，由劳动争议仲裁机构或者人民法院确认。

第二十七条 劳动合同部分无效，不影响其他部分效力的，其他部分仍然有效。

第二十八条 劳动合同被确认无效，劳动者已付出劳动的，用人单位应当向劳动者支付劳动报酬。劳动报酬的数额，参照本单位相同或者相近岗位劳动者的劳动报酬确定。

第三章 劳动合同的履行和变更

第二十九条 用人单位与劳动者应当按照劳动合同的约定，全面履行各自的义务。

第三十条 用人单位应当按照劳动合同约定和国家规定，向劳动者及时足额支付劳动报酬。

用人单位拖欠或者未足额支付劳动报酬的，劳动者可以依法向当地人民法院申请支付令，人民法院应当依法发出支付令。

第三十一条 用人单位应当严格执行劳动定额标准，不得强迫或者变相强迫劳动者加班。用人单位安排加班的，应当按照国家有关规定向劳动者支付加班费。

第三十二条 劳动者拒绝用人单位管理人员违章指挥、强令冒险作业的，不视为违反劳动合同。

劳动者对危害生命安全和身体健康的劳动条件，有权对用人单位提出批评、检举和控告。

第三十三条　用人单位变更名称、法定代表人、主要负责人或者投资人等事项，不影响劳动合同的履行。

第三十四条　用人单位发生合并或者分立等情况，原劳动合同继续有效，劳动合同由继承其权利和义务的用人单位继续履行。

第三十五条　用人单位与劳动者协商一致，可以变更劳动合同约定的内容。变更劳动合同，应当采用书面形式。

变更后的劳动合同文本由用人单位和劳动者各执一份。

第四章　劳动合同的解除和终止

第三十六条　用人单位与劳动者协商一致，可以解除劳动合同。

第三十七条　劳动者提前三十日以书面形式通知用人单位，可以解除劳动合同。劳动者在试用期内提前三日通知用人单位，可以解除劳动合同。

第三十八条　用人单位有下列情形之一的，劳动者可以解除劳动合同：

（一）未按照劳动合同约定提供劳动保护或者劳动条件的；

（二）未及时足额支付劳动报酬的；

（三）未依法为劳动者缴纳社会保险费的；

（四）用人单位的规章制度违反法律、法规的规定，损害劳动者权益的；

（五）因本法第二十六条第一款规定的情形致使劳动合同无效的；

（六）法律、行政法规规定劳动者可以解除劳动合同的其他情形。

用人单位以暴力、威胁或者非法限制人身自由的手段强迫劳动者劳动的，或者用人单位违章指挥、强令冒险作业危及劳动者人身安全的，劳动者可以立即解除劳动合同，不需事先告知用人单位。

第三十九条　劳动者有下列情形之一的，用人单位可以解除劳动合同：

（一）在试用期间被证明不符合录用条件的；

（二）严重违反用人单位的规章制度的；

（三）严重失职，营私舞弊，给用人单位造成重大损害的；

（四）劳动者同时与其他用人单位建立劳动关系，对完成本单位的工作任务造成严重影响，或者经用人单位提出，拒不改正的；

（五）因本法第二十六条第一款第一项规定的情形致使劳动合同无

效的；

（六）被依法追究刑事责任的。

第四十条 有下列情形之一的，用人单位提前三十日以书面形式通知劳动者本人或者额外支付劳动者一个月工资后，可以解除劳动合同：

（一）劳动者患病或者非因工负伤，在规定的医疗期满后不能从事原工作，也不能从事由用人单位另行安排的工作的；

（二）劳动者不能胜任工作，经过培训或者调整工作岗位，仍不能胜任工作的；

（三）劳动合同订立时所依据的客观情况发生重大变化，致使劳动合同无法履行，经用人单位与劳动者协商，未能就变更劳动合同内容达成协议的。

第四十一条 有下列情形之一，需要裁减人员二十人以上或者裁减不足二十人但占企业职工总数百分之十以上的，用人单位提前三十日向工会或者全体职工说明情况，听取工会或者职工的意见后，裁减人员方案经向劳动行政部门报告，可以裁减人员：

（一）依照企业破产法规定进行重整的；

（二）生产经营发生严重困难的；

（三）企业转产、重大技术革新或者经营方式调整，经变更劳动合同后，仍需裁减人员的；

（四）其他因劳动合同订立时所依据的客观经济情况发生重大变化，致使劳动合同无法履行的。

裁减人员时，应当优先留用下列人员：

（一）与本单位订立较长期限的固定期限劳动合同的；

（二）与本单位订立无固定期限劳动合同的；

（三）家庭无其他就业人员，有需要扶养的老人或者未成年人的。

用人单位依照本条第一款规定裁减人员，在六个月内重新招用人员的，应当通知被裁减的人员，并在同等条件下优先招用被裁减的人员。

第四十二条 劳动者有下列情形之一的，用人单位不得依照本法第四十条、第四十一条的规定解除劳动合同：

（一）从事接触职业病危害作业的劳动者未进行离岗前职业健康检查，或者疑似职业病病人在诊断或者医学观察期间的；

（二）在本单位患职业病或者因工负伤并被确认丧失或者部分丧失劳

动能力的；

（三）患病或者非因工负伤，在规定的医疗期内的；

（四）女职工在孕期、产期、哺乳期的；

（五）在本单位连续工作满十五年，且距法定退休年龄不足五年的；

（六）法律、行政法规规定的其他情形。

第四十三条 用人单位单方解除劳动合同，应当事先将理由通知工会。用人单位违反法律、行政法规规定或者劳动合同约定的，工会有权要求用人单位纠正。用人单位应当研究工会的意见，并将处理结果书面通知工会。

第四十四条 有下列情形之一的，劳动合同终止：

（一）劳动合同期满的；

（二）劳动者开始依法享受基本养老保险待遇的；

（三）劳动者死亡，或者被人民法院宣告死亡或者宣告失踪的；

（四）用人单位被依法宣告破产的；

（五）用人单位被吊销营业执照、责令关闭、撤销或者用人单位决定提前解散的；

（六）法律、行政法规规定的其他情形。

第四十五条 劳动合同期满，有本法第四十二条规定情形之一的，劳动合同应当续延至相应的情形消失时终止。但是，本法第四十二条第二项规定丧失或者部分丧失劳动能力劳动者的劳动合同的终止，按照国家有关工伤保险的规定执行。

第四十六条 有下列情形之一的，用人单位应当向劳动者支付经济补偿：

（一）劳动者依照本法第三十八条规定解除劳动合同的；

（二）用人单位依照本法第三十六条规定向劳动者提出解除劳动合同并与劳动者协商一致解除劳动合同的；

（三）用人单位依照本法第四十条规定解除劳动合同的；

（四）用人单位依照本法第四十一条第一款规定解除劳动合同的；

（五）除用人单位维持或者提高劳动合同约定条件续订劳动合同，劳动者不同意续订的情形外，依照本法第四十四条第一项规定终止固定期限劳动合同的；

（六）依照本法第四十四条第四项、第五项规定终止劳动合同的；

（七）法律、行政法规规定的其他情形。

第四十七条　经济补偿按劳动者在本单位工作的年限，每满一年支付一个月工资的标准向劳动者支付。六个月以上不满一年的，按一年计算；不满六个月的，向劳动者支付半个月工资的经济补偿。

劳动者月工资高于用人单位所在直辖市、设区的市级人民政府公布的本地区上年度职工月平均工资三倍的，向其支付经济补偿的标准按职工月平均工资三倍的数额支付，向其支付经济补偿的年限最高不超过十二年。

本条所称月工资是指劳动者在劳动合同解除或者终止前十二个月的平均工资。

第四十八条　用人单位违反本法规定解除或者终止劳动合同，劳动者要求继续履行劳动合同的，用人单位应当继续履行；劳动者不要求继续履行劳动合同或者劳动合同已经不能继续履行的，用人单位应当依照本法第八十七条规定支付赔偿金。

第四十九条　国家采取措施，建立健全劳动者社会保险关系跨地区转移接续制度。

第五十条　用人单位应当在解除或者终止劳动合同时出具解除或者终止劳动合同的证明，并在十五日内为劳动者办理档案和社会保险关系转移手续。

劳动者应当按照双方约定，办理工作交接。用人单位依照本法有关规定应当向劳动者支付经济补偿的，在办结工作交接时支付。

用人单位对已经解除或者终止的劳动合同的文本，至少保存二年备查。

第五章　特别规定

第一节　集体合同

第五十一条　企业职工一方与用人单位通过平等协商，可以就劳动报酬、工作时间、休息休假、劳动安全卫生、保险福利等事项订立集体合同。集体合同草案应当提交职工代表大会或者全体职工讨论通过。

集体合同由工会代表企业职工一方与用人单位订立；尚未建立工会的用人单位，由上级工会指导劳动者推举的代表与用人单位订立。

第五十二条　企业职工一方与用人单位可以订立劳动安全卫生、女职工权益保护、工资调整机制等专项集体合同。

第五十三条　在县级以下区域内，建筑业、采矿业、餐饮服务业等行业可以由工会与企业方面代表订立行业性集体合同，或者订立区域性集体合同。

第五十四条　集体合同订立后，应当报送劳动行政部门；劳动行政部门自收到集体合同文本之日起十五日内未提出异议的，集体合同即行生效。

依法订立的集体合同对用人单位和劳动者具有约束力。行业性、区域性集体合同对当地本行业、本区域的用人单位和劳动者具有约束力。

第五十五条　集体合同中劳动报酬和劳动条件等标准不得低于当地人民政府规定的最低标准；用人单位与劳动者订立的劳动合同中劳动报酬和劳动条件等标准不得低于集体合同规定的标准。

第五十六条　用人单位违反集体合同，侵犯职工劳动权益的，工会可以依法要求用人单位承担责任；因履行集体合同发生争议，经协商解决不成的，工会可以依法申请仲裁、提起诉讼。

第二节　劳务派遣

第五十七条　劳务派遣单位应当依照公司法的有关规定设立，注册资本不得少于五十万元。

第五十八条　劳务派遣单位是本法所称用人单位，应当履行用人单位对劳动者的义务。劳务派遣单位与被派遣劳动者订立的劳动合同，除应当载明本法第十七条规定的事项外，还应当载明被派遣劳动者的用工单位以及派遣期限、工作岗位等情况。

劳务派遣单位应当与被派遣劳动者订立二年以上的固定期限劳动合同，按月支付劳动报酬；被派遣劳动者在无工作期间，劳务派遣单位应当按照所在地人民政府规定的最低工资标准，向其按月支付报酬。

第五十九条　劳务派遣单位派遣劳动者应当与接受以劳务派遣形式用工的单位（以下称用工单位）订立劳务派遣协议。劳务派遣协议应当约定派遣岗位和人员数量、派遣期限、劳动报酬和社会保险费的数额与支付方式以及违反协议的责任。

用工单位应当根据工作岗位的实际需要与劳务派遣单位确定派遣期限，不得将连续用工期限分割订立数个短期劳务派遣协议。

第六十条　劳务派遣单位应当将劳务派遣协议的内容告知被派遣劳

动者。

劳务派遣单位不得克扣用工单位按照劳务派遣协议支付给被派遣劳动者的劳动报酬。

劳务派遣单位和用工单位不得向被派遣劳动者收取费用。

第六十一条　劳务派遣单位跨地区派遣劳动者的，被派遣劳动者享有的劳动报酬和劳动条件，按照用工单位所在地的标准执行。

第六十二条　用工单位应当履行下列义务：

（一）执行国家劳动标准，提供相应的劳动条件和劳动保护；

（二）告知被派遣劳动者的工作要求和劳动报酬；

（三）支付加班费、绩效奖金，提供与工作岗位相关的福利待遇；

（四）对在岗被派遣劳动者进行工作岗位所必需的培训；

（五）连续用工的，实行正常的工资调整机制。

用工单位不得将被派遣劳动者再派遣到其他用人单位。

第六十三条　被派遣劳动者享有与用工单位的劳动者同工同酬的权利。用工单位无同类岗位劳动者的，参照用工单位所在地相同或者相近岗位劳动者的劳动报酬确定。

第六十四条　被派遣劳动者有权在劳务派遣单位或者用工单位依法参加或者组织工会，维护自身的合法权益。

第六十五条　被派遣劳动者可以依照本法第三十六条、第三十八条的规定与劳务派遣单位解除劳动合同。

被派遣劳动者有本法第三十九条和第四十条第一项、第二项规定情形的，用工单位可以将劳动者退回劳务派遣单位，劳务派遣单位依照本法有关规定，可以与劳动者解除劳动合同。

第六十六条　劳务派遣一般在临时性、辅助性或者替代性的工作岗位上实施。

第六十七条　用人单位不得设立劳务派遣单位向本单位或者所属单位派遣劳动者。

第三节　非全日制用工

第六十八条　非全日制用工，是指以小时计酬为主，劳动者在同一用人单位一般平均每日工作时间不超过四小时，每周工作时间累计不超过二十四小时的用工形式。

第六十九条 非全日制用工双方当事人可以订立口头协议。

从事非全日制用工的劳动者可以与一个或者一个以上用人单位订立劳动合同；但是，后订立的劳动合同不得影响先订立的劳动合同的履行。

第七十条 非全日制用工双方当事人不得约定试用期。

第七十一条 非全日制用工双方当事人任何一方都可以随时通知对方终止用工。终止用工，用人单位不向劳动者支付经济补偿。

第七十二条 非全日制用工小时计酬标准不得低于用人单位所在地人民政府规定的最低小时工资标准。

非全日制用工劳动报酬结算支付周期最长不得超过十五日。

第六章　监督检查

第七十三条 国务院劳动行政部门负责全国劳动合同制度实施的监督管理。

县级以上地方人民政府劳动行政部门负责本行政区域内劳动合同制度实施的监督管理。

县级以上各级人民政府劳动行政部门在劳动合同制度实施的监督管理工作中，应当听取工会、企业方面代表以及有关行业主管部门的意见。

第七十四条 县级以上地方人民政府劳动行政部门依法对下列实施劳动合同制度的情况进行监督检查：

（一）用人单位制定直接涉及劳动者切身利益的规章制度及其执行的情况；

（二）用人单位与劳动者订立和解除劳动合同的情况；

（三）劳务派遣单位和用工单位遵守劳务派遣有关规定的情况；

（四）用人单位遵守国家关于劳动者工作时间和休息休假规定的情况；

（五）用人单位支付劳动合同约定的劳动报酬和执行最低工资标准的情况；

（六）用人单位参加各项社会保险和缴纳社会保险费的情况；

（七）法律、法规规定的其他劳动监察事项。

第七十五条 县级以上地方人民政府劳动行政部门实施监督检查时，有权查阅与劳动合同、集体合同有关的材料，有权对劳动场所进行实地检查，用人单位和劳动者都应当如实提供有关情况和材料。

劳动行政部门的工作人员进行监督检查，应当出示证件，依法行使职权，文明执法。

第七十六条　县级以上人民政府建设、卫生、安全生产监督管理等有关主管部门在各自职责范围内，对用人单位执行劳动合同制度的情况进行监督管理。

第七十七条　劳动者合法权益受到侵害的，有权要求有关部门依法处理，或者依法申请仲裁、提起诉讼。

第七十八条　工会依法维护劳动者的合法权益，对用人单位履行劳动合同、集体合同的情况进行监督。用人单位违反劳动法律、法规和劳动合同、集体合同的，工会有权提出意见或者要求纠正；劳动者申请仲裁、提起诉讼的，工会依法给予支持和帮助。

第七十九条　任何组织或者个人对违反本法的行为都有权举报，县级以上人民政府劳动行政部门应当及时核实、处理，并对举报有功人员给予奖励。

第七章　法律责任

第八十条　用人单位直接涉及劳动者切身利益的规章制度违反法律、法规规定的，由劳动行政部门责令改正，给予警告；给劳动者造成损害的，应当承担赔偿责任。

第八十一条　用人单位提供的劳动合同文本未载明本法规定的劳动合同必备条款或者用人单位未将劳动合同文本交付劳动者的，由劳动行政部门责令改正；给劳动者造成损害的，应当承担赔偿责任。

第八十二条　用人单位自用工之日起超过一个月不满一年未与劳动者订立书面劳动合同的，应当向劳动者每月支付二倍的工资。

用人单位违反本法规定不与劳动者订立无固定期限劳动合同的，自应当订立无固定期限劳动合同之日起向劳动者每月支付二倍的工资。

第八十三条　用人单位违反本法规定与劳动者约定试用期的，由劳动行政部门责令改正；违法约定的试用期已经履行的，由用人单位以劳动者试用期满月工资为标准，按已经履行的超过法定试用期的期间向劳动者支付赔偿金。

第八十四条 用人单位违反本法规定，扣押劳动者居民身份证等证件的，由劳动行政部门责令限期退还劳动者本人，并依照有关法律规定给予处罚。

用人单位违反本法规定，以担保或者其他名义向劳动者收取财物的，由劳动行政部门责令限期退还劳动者本人，并以每人五百元以上两千元以下的标准处以罚款；给劳动者造成损害的，应当承担赔偿责任。

劳动者依法解除或者终止劳动合同，用人单位扣押劳动者档案或者其他物品的，依照前款规定处罚。

第八十五条 用人单位有下列情形之一的，由劳动行政部门责令限期支付劳动报酬、加班费或者经济补偿；劳动报酬低于当地最低工资标准的，应当支付其差额部分；逾期不支付的，责令用人单位按应付金额百分之五十以上百分之一百以下的标准向劳动者加付赔偿金：

（一）未按照劳动合同的约定或者国家规定及时足额支付劳动者劳动报酬的；

（二）低于当地最低工资标准支付劳动者工资的；

（三）安排加班不支付加班费的；

（四）解除或者终止劳动合同，未依照本法规定向劳动者支付经济补偿的。

第八十六条 劳动合同依照本法第二十六条规定被确认无效，给对方造成损害的，有过错的一方应当承担赔偿责任。

第八十七条 用人单位违反本法规定解除或者终止劳动合同的，应当依照本法第四十七条规定的经济补偿标准的二倍向劳动者支付赔偿金。

第八十八条 用人单位有下列情形之一的，依法给予行政处罚；构成犯罪的，依法追究刑事责任；给劳动者造成损害的，应当承担赔偿责任：

（一）以暴力、威胁或者非法限制人身自由的手段强迫劳动的；

（二）违章指挥或者强令冒险作业危及劳动者人身安全的；

（三）侮辱、体罚、殴打、非法搜查或者拘禁劳动者的；

（四）劳动条件恶劣、环境污染严重，给劳动者身心健康造成严重损害的。

第八十九条 用人单位违反本法规定未向劳动者出具解除或者终止劳动合同的书面证明，由劳动行政部门责令改正；给劳动者造成损害的，应当承担赔偿责任。

第九十条 劳动者违反本法规定解除劳动合同，或者违反劳动合同中约定的保密义务或者竞业限制，给用人单位造成损失的，应当承担赔偿责任。

第九十一条 用人单位招用与其他用人单位尚未解除或者终止劳动合同的劳动者，给其他用人单位造成损失的，应当承担连带赔偿责任。

第九十二条 劳务派遣单位违反本法规定的，由劳动行政部门和其他有关主管部门责令改正；情节严重的，以每人一千元以上五千元以下的标准处以罚款，并由工商行政管理部门吊销营业执照；给被派遣劳动者造成损害的，劳务派遣单位与用工单位承担连带赔偿责任。

第九十三条 对不具备合法经营资格的用人单位的违法犯罪行为，依法追究法律责任；劳动者已经付出劳动的，该单位或者其出资人应当依照本法有关规定向劳动者支付劳动报酬、经济补偿、赔偿金；给劳动者造成损害的，应当承担赔偿责任。

第九十四条 个人承包经营违反本法规定招用劳动者，给劳动者造成损害的，发包的组织与个人承包经营者承担连带赔偿责任。

第九十五条 劳动行政部门和其他有关主管部门及其工作人员玩忽职守、不履行法定职责，或者违法行使职权，给劳动者或者用人单位造成损害的，应当承担赔偿责任；对直接负责的主管人员和其他直接责任人员，依法给予行政处分；构成犯罪的，依法追究刑事责任。

第八章　附　则

第九十六条 事业单位与实行聘用制的工作人员订立、履行、变更、解除或者终止劳动合同，法律、行政法规或者国务院另有规定的，依照其规定；未作规定的，依照本法有关规定执行。

第九十七条 本法施行前已依法订立且在本法施行之日存续的劳动合同，继续履行；本法第十四条第二款第三项规定连续订立固定期限劳动合同的次数，自本法施行后续订固定期限劳动合同时开始计算。

本法施行前已建立劳动关系，尚未订立书面劳动合同的，应当自本法施行之日起一个月内订立。

本法施行之日存续的劳动合同在本法施行后解除或者终止，依照本法第四十六条规定应当支付经济补偿的，经济补偿年限自本法施行之日起计算；本法施行前按照当时有关规定，用人单位应当向劳动者支付经济补偿的，按照当时有关规定执行。

第九十八条 本法自 2008 年 1 月 1 日起施行。

附录三　培训指南与建议

一、培训目标

通过培训，引导农村富余劳动力正确认识进城务工，做好进城务工的准备；了解如何在城市寻找工作；了解劳动合同的作用和如何运用法律的手段来维护自己的合法权益；了解工资工时的规定和社会保险的特点；认识到安全生产的重要性；正确对待传染病的防治；并学会融入城市生活。

二、培训基本要求

1. 树立正确的外出务工就业观念。

2. 了解基本的劳动法律知识，能够依法维护自身的合法权益。

3. 了解必要的安全生产知识，自觉预防工伤事故和职业病及传染病。

4. 了解城市的生活常识，正确处理进城务工中的有关问题。

三、课时分配

课时分配表

培训内容	课时
第一单元　务工准备	4
一、心理准备——客观认识进城务工	1
二、技能准备——通过培训掌握实用技能	1
三、证件准备——办妥进城务工的手续	1
四、选择去向——通盘考虑不可盲目	1
第二单元　寻找工作	4
一、找工作的几种途径	1
二、找工作要提防被骗	1
三、寻找适合自己的工作	1
四、面试的技巧和方法	1
第三单元　劳动合同	4
一、仔细签订劳动合同	1
二、劳动合同的终止和解除	1

（续表）

培训内容	课时
三、违反劳动合同的后果	1
四、维护自己合法权益	1
第四单元 工资待遇	4
一、工资与工时	1
二、加班工资和病假工资	1
三、扣除工资的情况	1
四、工资支付的形式和时间	1
第五单元 社会保险	3
一、外出务工者有权参加社会保险	1
二、参加社会保险及可享受的待遇	1
三、工伤认定及享受待遇	1
第六单元 安全生产	4
一、安全生产的基本知识	1
二、女职工的劳动保护权利	1
三、安全生产责任	1
四、特种作业和常见职业危害的预防	1
第七单元 疾病防治	3
一、疾病防治的基本知识	1
二、常见传染病防治	2
第八单元 遵纪守法	3
一、在城市务工必须具备的道德素质	1
二、在城市工作和生活应知的法律法规	1
三、城市生活常识	1
总计	29

四、培训要求及建议

第一单元 务工准备

1. 培训要求

正确认识进城务工，树立正确的就业观念，做好充分的准备。

2. 培训建议

根据进城务工人员的思想特点，结合现实，重点强调做好进城务工前的心理准备、技能准备以及证件准备，使他们理性地考虑多方面因素，作出正确的进城务工选择。

第二单元　寻找工作

1. 培训要求

了解进城寻找工作的途径，寻找适合自己的工作。

2. 培训建议

针对进城务工者文化程度普遍不高的情况，介绍在城市寻找工作的途径，让他们了解如何识别"黑职介"，如何选择适合自己的工作，掌握面试的技巧。

第三单元　劳动合同

1. 培训要求

了解签订劳动合同的必要性和重要性，了解劳动合同的相关知识，了解如何通过法律手段维护自己的合法权益。

2. 培训建议

本单元重点是给进城务工人员培训劳动合同方面的相关知识，让他们认识到为什么要签订劳动合同，了解签订劳动合同的注意事项，以及如何维护自己的合法权益。

第四单元　工资待遇

1. 培训要求

了解有关工资和工作时间的法律规定，了解工资支付的形式和时间。

2. 培训建议

本单元的重点是使进城务工者了解工资的组成，工作时间的规定，加班工资和病假工资的计算，以及针对用人单位克扣或拖欠工资的处理方法，以捍卫其基本的工资待遇权利。

第五单元　社会保险

1. 培训要求

了解参加社会保险是务工者的权利，了解工伤认定的程序。

2. 培训建议

本单元的重点是使进城务工者知道参加社会保险的权利，参加各类社会保险的方法及可以享受的待遇，同时着重了解有关工伤事故的处理程序。

第六单元　安全生产

1. 培训要求

了解基本的安全生产知识和特殊群体的劳动保护权利，加强安全生产责任，了解特种作业和常见职业危害的预防。

2. 培训建议

本单元的培训重点是加强进城务工者对安全生产的认识，明确劳动者和用人单位在安全生产方面的责任，有效地防止各类意外伤害事故的发生。

第七单元　疾病防治

1. 培训要求

了解传染病防治的基本知识。

2. 培训建议

本单元重点介绍传染病的基本知识，使进城务工人员了解常见传染病防治。

第八单元　遵纪守法

1. 培训要求

树立"八荣八耻"的荣辱观，自觉遵守法律法规，了解城市的基本生活常识。

2. 培训建议

针对农村与城市生活习惯上的巨大差异，本单元重点介绍城市生活的基本常识，并引导进城务工人员遵守法律法规，遵守公民道德，明确日常事务的处理程序，注意生活安全。